서울교대 스토리텔링! 1학년 수학 + 친구

서울교대 초등수학연구회(SEMC) 글 | 엔싹(이창우, 류준문) 그림

녹색지팡이

머리말

　수학은 오랜 역사를 통해 발전되어 온 자연의 법칙을 이해하는 언어이며 지적 발달의 도구로 입증된 주요 과목입니다. 하지만 안타깝게도 전 세계의 사람들은 대부분 수학을 어려워하고 싫어합니다.

　저는 어떻게 하면 우리 아이들이 수학 속의 참 재미를 알고 수학을 쉽게 공부할 수 있을지 고민하고 연구해 왔습니다. 그리고 오랜 연구 끝에 수학을 재미있게 공부하려면 다음과 같은 것들이 중요하다는 결론을 얻게 되었습니다.

　첫째, 수학을 본격적으로 접하는 초등학교 때부터 올바른 공부법을 몸에 익혀야 합니다. 주변에서 흔히 수학을 제대로 공부하기 전부터 숫자 쓰기, 계산 문제 등으로 아이들의 흥미를 잃게 만드는 경우를 종종 볼 수 있습니다. 수학은 계산을 잘하는 능력이 아닌, 원리와 개념을 제대로 이해하고 그것을 응용하는 능력을 기르는 과목입니다. 자칫 계산 능력과 문제 풀이에 지나치게 집중하다가는 수학의 흥미를 놓치고 말 것입니다.

　둘째, 시간이 걸리더라도 아이가 혼자서 곰곰이 생각해 보고, 스스로 문제를 해결하는 것이 중요합니다. 선생님이나 부모님은 먼저 가르치려고 하기보다 아이들이 스스로 이해하고 문제를 해결할 수 있도록 도와주어야 합니다.

　셋째, 아이들 스스로가 수학의 참 재미를 알아야 합니다. 세계 3대 수학자 중 한 사람인 가우스는 말을 배우기 전부터 스스로 계산하는 법을 깨우쳤고, 5세에 아버지의 계산 장부에서 틀린 것을 바로잡았다고 합니다. 그리고 18세에 평생 수학을 공부하겠다는 결심을 한 뒤 일기를 쓰기 시작했는데, 이것이 그 유명한 가우스의 수학 일기입니다. 가우스의 일기 속에는 새로운 수학적 사실의 발견에 기뻐하는 내용이 많다고 합니다. 이처럼 힘든 고민을 거듭하다가 스스로의 힘으로 문제를 해결했을 때 아이들은 수학의 참 재미와 뿌듯함을 느끼게 됩니다.

이 책은 이러한 결론들을 반영하여 만들었습니다.

단순한 계산이나 반복적인 문제 풀이가 아닌, 생활 속 이야기들로 수학의 개념과 원리를 자연스럽게 이해하고, 스스로 문제를 해결해 볼 수 있도록 구성하였습니다. 이 책을 혼자서 차근차근 읽어 나가는 사이, 아이들은 자신도 모르게 수학의 참 재미를 느끼게 될 것입니다. 또한 이 책은 교육 과정에서 다루는 1년 단위의 수학 속 개념을 영역별로 묶어 통째로 이해할 수 있도록 만들었기 때문에, 한 영역에서 부족한 부분이 있는 아이들과 다음 단계를 미리 공부하고 싶은 아이들 모두가 효과적으로 활용할 수 있습니다. 이 책을 통해 모든 어린이들이 수학에 더 큰 재미를 느끼고 신 나게 공부하기를 바랍니다.

2013년
서울교육대학교 총장

신항균

1학년 수학 친구, 이렇게 활용해요!

신 나게 개념 열기

재미있는 만화로 생활 속에서 일어나는 여러 가지 일을 수학적으로 어떻게 해결할지 예측해 보고, 선생님의 친절한 해설을 통해 앞으로 배울 개념을 미리 살펴봐요.

개념 이어 보기

해당 수학 영역 안에서 수학 개념의 흐름을 보고 스스로 부족한 부분과 더 배워야 할 부분을 한눈에 알 수 있어요.

쏙쏙 들어오는 수학 개념

선생님이 들려주는 생생한 이야기와 친절한 그림 설명을 통해 어렵게만 느껴지던 수학 개념이 머릿속에 쏙쏙 들어와요. 중간중간에 선생님이 내는 수학 문제도 직접 해결해 볼 수 있어요.

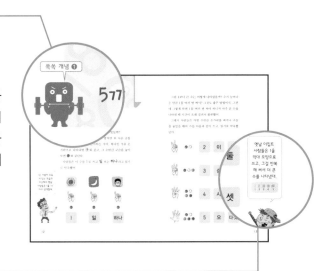

모자란 1%까지 채워 주는 도움말

선생님과 친구들의 대화를 통해 중요한 개념은 다시 한 번 정리하고, 헷갈리거나 더 궁금해 할 만한 내용을 시원하게 해결해 줘요.

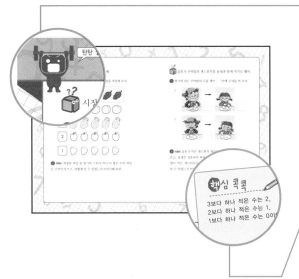

실력이 탄탄해지는 확인 문제

스토리텔링 형식의 여러 가지 활동을 통해 앞에서 익힌 개념을 스스로 확인하고 점검해요. 서술형 문제로 사고력과 문제 해결력도 키워요.

핵심을 콕콕 찍어 주는 힌트

스스로 문제 해결이 어려울 때 도움이 되고, 중요한 개념을 다시 한 번 정리할 수 있어요.

볼수록 궁금한 수학 이야기

숫자의 기원부터 천재 수학자의 숨겨진 이야기까지, 타임머신을 타고 과거 여행을 떠난 것처럼 수학의 역사와 관련된 흥미로운 이야기로 지식을 더욱 넓혀요.

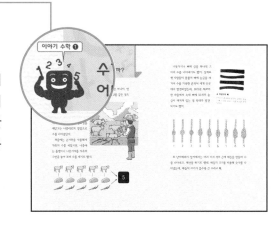

더 똑똑해지는 수학 일기

그림 일기, 마인드맵, 신문 스크랩 등을 이용한 수학 일기를 써 보면서 수학 개념을 완벽하게 자신의 것으로 만들 수 있어요.

비교하기 · 시간

도형과 규칙

공부를 도와줄
1학년 수학 친구들

김강우 선생님

별명은 가우스 선생님. 어릴 때부터 호기심이 풍부해서 새롭게 알게 된 사실은 무조건 메모하는 습관이 있다. 수학에 대한 관심과 지식뿐 아니라 과학, 음악, 미술에도 관심이 많다.

윤현아

자기 생각을 논리적으로 말하는 야무진 아이. 퀴즈를 좋아하고 생활 속에서 수학을 발견하는 데 즐거움을 느낀다. 덜렁대는 상호에게 잔소리도 하지만 밝고 긍정적인 상호를 좋아한다.

정상호

게임을 좋아하는 말썽꾸러기로 항상 덤벙대고 차분히 공부하는 걸 힘들어 한다. 약간 엉뚱하지만 호기심이 많고, 해결 안 되는 문제는 무조건 정면 돌파하려는 행동파이다.

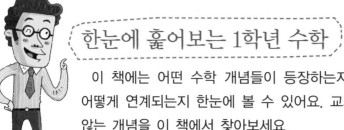

한눈에 훑어보는 1학년 수학

이 책에는 어떤 수학 개념들이 등장하는지, 새로 바뀌는 교과서와 어떻게 연계되는지 한눈에 볼 수 있어요. 교과서만 보고 이해가 되지 않는 개념을 이 책에서 찾아보세요.

영역	이 책의 구성	주요 개념	새 교과 연계
수와 연산	9까지의 수	– 5까지의 수 – 0의 개념 – 9까지의 수 – 수의 순서와 크기 비교 – 1 큰 수와 1 작은 수	1-1 9까지의 수
	100까지의 수	– 십몇의 수 – 몇십의 수 – 몇십몇의 수 – 짝수와 홀수 – 100까지의 수 – 수의 순서 – 두 자리 수 비교	1-1 50까지의 수 1-2 100까지의 수
	간단한 덧셈과 뺄셈	– 가르기와 모으기 – 10으로 모으기 – 한 자리 수의 덧셈과 덧셈식 – 한 자리 수의 뺄셈과 뺄셈식 – 덧셈식을 뺄셈식으로, 뺄셈식을 덧셈식으로 바꾸기	1-1 덧셈과 뺄셈 1-2 덧셈과 뺄셈
	여러 가지 덧셈과 뺄셈	– 세 수의 덧셈과 뺄셈 – 두 자리 수의 덧셈과 뺄셈 – 여러 가지 방법의 덧셈과 뺄셈	1-2 덧셈과 뺄셈
도형	도형과 규칙	– 🧴🧻🟢 모양 찾기 – □△○ 모양 찾기 – 여러 가지 모양 만들기	1-1 여러 가지 모양 1-2 여러 가지 모양 1-2 규칙 찾기
측정	비교하기	– 길이 비교하기 – 높이와 키 비교하기 – 무게 비교하기 – 넓이 비교하기 – 들이 비교하기	1-1 비교하기
	시간	– 시계 보고 몇 시 알기 – 몇 시 30분 알기	1-2 시계 보기
규칙성	도형과 규칙	– 여러 가지 규칙 찾기	1-2 규칙 찾기

상호의 심부름

상호가 사 온 달걀의 수를 어떻게 나타낼까? 하나, 둘, 셋, 넷, 다섯. 그래, 상호가 사 온 달걀은 모두 다섯 개야. 숫자로 쓰면 5, 읽을 때는 '오'라고 읽지. 다시 말해, 5는 어떤 물건이 다섯 개 있는 것을 나타내는 숫자로 '오' 또는 '다섯'이라고 읽는단다.

사실, 수는 아주 어렵게 탄생했어. 사람들이 손가락 다섯 개와 달걀 다섯 개를 5라는 숫자로 나타내기까지는 몇 천 년이 걸렸대. 만약 너희가 원시 시대로 거슬러 올라간다면 수학 천재로 불렸을지도 몰라.

원시 시대가 아닌 지금, 수학 천재가 되고 싶다고? 그럼 수의 기초부터 하나씩 알아보자.

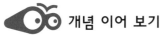 개념 이어 보기

앞에서 배운 개념	이번에 배울 개념	뒤에서 배울 개념
• 하나씩 짝지어 보기 • 모자라는 쪽과 남는 쪽 알아보기	• 5까지의 수 • 9까지의 수	• 50까지의 수 • 100까지의 수

5까지의 수

I, 2, 3, 4, 5를 약속하자

‘해’, ‘달’ 그리고 ‘나’의 공통점은 무엇일까?

반짝반짝 빛난다는 것? 그것도 맞지만 또 다른 공통점은 세상에 오직 하나뿐이라는 거야. 하나인 것을 손가락으로 나타내면 와 같고, 그 수만큼 구슬을 놓아 보면 와 같단다.

사람들은 이 수를 I로 쓰고 **일** 또는 **하나**라고 읽기로 약속했어.

1은 사람이 우뚝 서 있는 모습과 비슷해서 옛날 사람들은 1을 ‘나’라고 생각했대.

I

일

하나

그럼 l보다 큰 수는 어떻게 나타냈을까? 수가 늘어나는 만큼 l을 여러 번 써서? 그것도 좋은 방법이지. 그런데 그렇게 하면 l을 여러 번 써야 하니까 아주 큰 수를 나타낼 때 시간이 오래 걸려서 불편했어.

그래서 사람들은 어떤 수만큼 손가락을 펴거나 구슬을 놓았을 때의 수를 다음과 같이 쓰고, 읽기로 약속했단다.

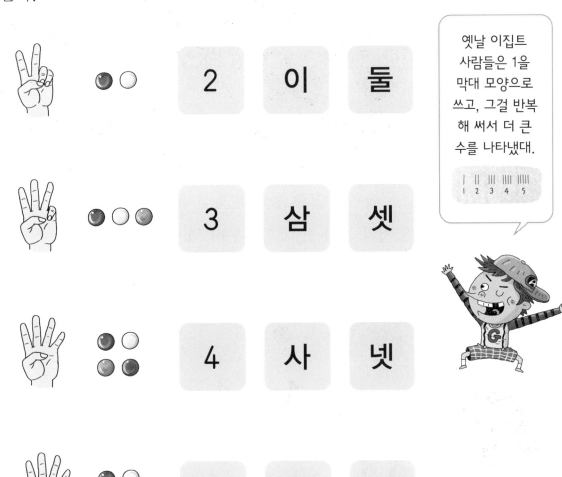

옛날 이집트 사람들은 1을 막대 모양으로 쓰고, 그걸 반복해 써서 더 큰 수를 나타냈대.

13

너희는 어떤 동물을 가장 좋아하니? 아프리카 초원에 사는 동물들을 떠올려 보렴.

구슬을 놓으며 동물의 수를 세어 보자.

덩치가 가장 큰 코끼리부터 세어 볼까? 코끼리는 딱 하나니까 코끼리의 수는 1이야.

⬤	1	일	하나

목이 긴 기린은 하나, 둘이니까 기린의 수는 2야.

⬤◯	2	이	둘

동물의 수를 셀 때는 '마리'를 붙여 읽는데, 2마리는 '둘 마리', '이 마리'가 아니라 '두 마리'라고 읽어야 해.

이번엔 얼룩말을 세어 보자.  하나, 둘, 셋이니까 얼룩말의 수는 3이야.

 | ⚫⚪⚫ | **3** | **삼** | **셋**

아직 세지 않은 동물이 뭐지? 그래, 타조가 있었구나. 하나, 둘, 셋, 넷이니까 타조의 수는 4가 되지.

 | ⚫⚪⚫⚫ | **4** | **사** | **넷**

마지막으로 재롱둥이 원숭이의 수는 하나, 둘, 셋, 넷, 다섯. 원숭이의 수는 5야.

| ⚫⚪⚫⚫ | **5** | **오** | **다섯**

물건을 하나씩 셀 때
하나, 둘, 셋, 넷, 다섯, …으로
세다가 마지막으로 센 숫자가
바로 그 물건의 개수가 되는구나.

동물의 수가 변하면 몇 마리일까?

초원의 동물들에게 기쁜 소식과 슬픈 소식이 하나씩 있대. 기쁜 소식은 이웃 초원에서 코끼리 한 마리가 이사를 왔다는 거야.

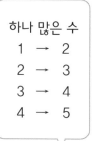

이제 코끼리는 하나(1)에서 하나(1)가 더 많아져서 둘(2), 두 마리가 되었어.

슬픈 소식은 재롱둥이 원숭이 한 마리가 장난을 치다 나무에서 떨어졌다는 거지. 사람들은 동물 병원으로 다친 원숭이를 데리고 갔대.

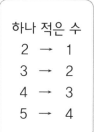

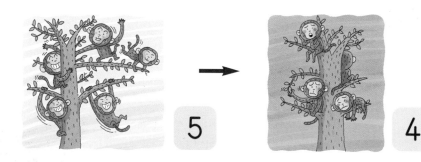

초원에 남은 원숭이는 다섯(5)에서 하나(1)가 적어져서 넷(4). 네 마리가 되었단다.

0은 어떤 수일까?

열심히 설명했더니 좀 출출하네. 마침 접시에 크림빵이 두 개 있구나! 그런데 상호가 와서 빵을 하나 먹었어.

크림빵은 두 개에서 하나가 적어져서 한 개가 되었어. 한 개는 내가 먹어야겠다. 그런데 빵의 개수를 설명하는 사이에 그만…!

0은 1, 2, 3, 4, 5와 같은 다른 숫자보다 훨씬 나중에 쓰이기 시작했단다.

상호가 나머지 빵까지 먹어 버렸어. 한 개보다 하나 더 적은 것은 어떻게 나타낼까?

1보다 하나 적은 것을 0이라고 쓰고, **영**이라고 읽지. 0은 위의 그림처럼 아무것도 없는 것이란다.

 시장에서 여러 가지 과일을 사려고 해.

1 보기 와 같이 사려는 과일의 수만큼 과일을 색칠해 보자.

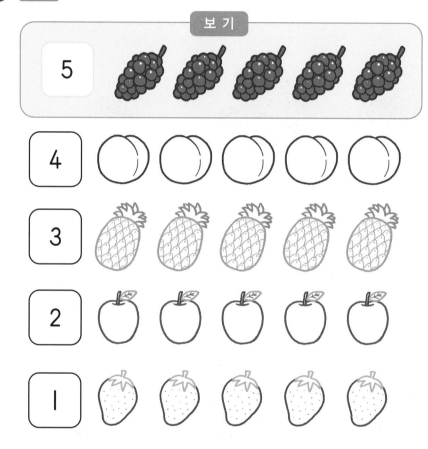

2 서술형 색칠한 과일 중 딸기의 수보다 하나 더 많은 수의 과일은 무엇인지 쓰고, 어떻게 알 수 있었는지 이야기해 보렴.

상호가 주먹밥과 샌드위치를 동생과 함께 먹기로 했어.

1 접시에 있는 주먹밥의 수를 세어 ☐ 안에 숫자를 써 보자.

① ☐ → ☐

② ☐ → ☐

2 서술형 상호가 먹은 샌드위치 개수는 오른쪽과 같고, 동생은 상호보다 하나 더 적게 먹었어. 동생이 먹은 샌드위치는 몇 개인지 쓰고, 어떻게 알 수 있었는지 이야기해 보렴.

 핵심 콕콕

3보다 하나 적은 수는 2,
2보다 하나 적은 수는 1,
1보다 하나 적은 수는 0이야.

9까지의 수

6, 7, 8, 9를 약속하자

5보다 큰 수는 어떻게 나타낼까? 너희가 좋아하는 장난감들을 모아 놓고 생각해 보자.

장난감의 수만큼 손가락을 펴 보면 🖐✌과 같아. 또 같은 수만큼 구슬을 놓아 보면 ●○●●●●과 같지. 5보다 하나 더 많은 수를 **6**으로 쓰고 **육** 또는 **여섯**이라고 읽기로 약속했어.

| 6 | 육 | 여섯 |

6보다 더 큰 수도 다음과 같이 약속했단다.

| 7 | 칠 | 일곱 |

서양에서는 7을 '럭키 세븐'이라고 부르며 행운의 숫자로 생각한대.

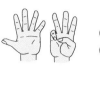 8 팔 여덟

  9 구 아홉

중국 사람들은
8을 좋아하는데
'돈을 벌다'는
말과 8의 중국어
발음이 비슷해서
그렇대.

이번에는 그림 속에서 6, 7, 8, 9를 찾아보자.

핫도그, 떡꼬치, 만두, 우유의 수를 세어 각각 알맞은
숫자를 써 볼까?

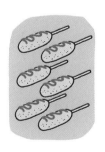 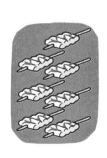  

수의 순서를 알아보자

화창한 봄날 9마리의 동물 친구들이 달리기 실력을 겨루었어. 모두 있는 힘껏 달렸지.

수의 순서는 앞에서부터 센 '하나', '둘', '셋' 등에 '째'를 붙여서 말해. 단, 맨 처음 순서는 '하나째'가 아니라 '첫째'라고 해야 해.

동물 친구들이 도착하는 순서를 수로 나타내 볼까?

빠르기로 유명한 타조가 가장 먼저 들어오는구나. 타조가 첫째로 들어오고, 타조 바로 뒤에 토끼가 둘째로 들어오네. 그리고 원숭이는 셋째로 들어오고 있어.

그럼, 거북이의 순서는 어떻게 말할 수 있을까?

하나, 둘, 셋, 넷, 다섯, 여섯, 일곱, 여덟. 거북이는 여덟째야. 느림보 거북이가 꼴찌는 면했구나.

앞에서부터 차례로 다시 수의 순서를 세어 보자.

수의 순서를 셀 때에는 **첫째, 둘째, 셋째, 넷째, 다섯째, 여섯째, 일곱째, 여덟째, 아홉째.**

이런 식으로 세면 돼.

그런데 달리기에서 먼저 들어온 순서대로 첫째부터 다섯째까지는 선물을 받았대. 선물을 받은 동물의 수는 1, 2, 3, 4, 5. 모두 다섯 마리야.

나이 뒤에는 '살'과 '세'를 붙일 수 있어. 나이를 하나, 둘, 셋 등으로 셀 때에는 '살'을 붙여서 '한 살', '두 살' 등으로 쓰고, 일, 이, 삼 등으로 셀 때에는 뒤에 '세'를 붙여서 '1세', '2세' 등으로 쓴단다.

어떤 수가 더 클까?

지난번 과수원에 갔을 때의 모습이구나. 과수원에서 상호와 현아가 딴 사과는 각각 몇 개일까?

상호가 딴 사과를 세어 보면 8, 여덟 개이고, 현아가 딴 사과를 세어 보면 6, 여섯 개라는 것을 알 수 있어. 그러면 8과 6의 수만큼 빈칸에 ★ 을 그려 보자.

8	★	★	★	★	★	★	★	★	
6	★	★	★	★	★	★			

어때? 8은 6보다 크고, 6은 8보다 작다는 게 한눈에 보이지? 이렇게 그림을 그려서 하나씩 짝지어 보면 남는 쪽의 수가 더 큰 수라는 것을 쉽게 알 수 있어.

수를 순서대로 세었을 때 앞에 나오는 수가 뒤에 나오는 수보다 작은 수야.

이번에는 숫자 카드 게임을 하면서 수의 크기에 대해 더 알아보자. 자, 1부터 9까지의 숫자 카드가 있어. 선생님이 든 숫자 카드보다 1 큰 수, 그리고 1 작은 수의 숫자 카드를 각각 골라 보렴.

1 큰 수		
5	→	6
6	→	7
7	→	8
8	→	9

어떤 숫자 카드를 골랐니? 1부터 9까지 숫자를 차례대로 썼을 때 어떤 숫자의 바로 다음 수가 1 큰 수이고, 바로 앞의 수가 1 작은 수란다. 그러니까 선생님이 든 카드의 숫자 6보다 1 큰 수는 다음 수인 7이고, 6보다 1 작은 수는 바로 앞의 수인 5가 되지.

1 작은 수		
6	→	5
7	→	6
8	→	7
9	→	8

5	← 1 작은 수	6	1 큰 수 →	7

??

미술 시간에 필요한 준비물을 사러 문방구에 갔더니 가위, 자, 테이프, 색종이, 풀, 물감 등의 학용품이 있어.

① 아래의 수에 해당하는 학용품에 각각 〇해 보자.

6						
9						

② 서술형 구슬로 수를 나타냈을 때 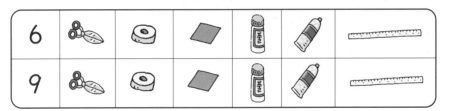과 같은 수의 학용품 은 무엇인지, 또 그 학용품의 수보다 1 작은 수의 학용품은 무엇 인지 써 보고 어떻게 알 수 있었는지 이야기해 보렴.

핵심 콕콕

수를 순서대로 셀 때 앞에 나 오는 수가 뒤에 나오는 수보다 작은 수야.

놀이공원에서 동물 친구들과 노는 꿈을 꾸었어. 공놀이도 하고 놀이 기구도 타며 신 나게 놀았지.

1 1부터 9까지 순서대로 이어서 동물 그림을 완성해 보자.

2 무지개 열차의 앞에서부터 여섯째 칸은 무슨 색이니? 또 빨간색은 뒤에서부터 몇째 칸인지 써 보자.

수가 없던 시대에는
어떻게 수를 나타냈을까?

사람들이 옛날부터 지금처럼 수를 쉽게 사용했던 것은 아니야. 영국의 수학자 러셀은 "인류가 닭 두 마리의 2와 이틀의 2를 같은 것으로 이해하기까지는 수천 년이 걸렸다."라고 말했지.

수가 없던 아주 먼 옛날, 사람들은 가축의 수나 곡식의 양을 세기 시작하면서 수의 필요성을 깨닫고는 나름대로의 방법으로 수를 나타냈단다.

처음에는 손가락을 사용해서 가축의 수를 세었지만, 나중에는 돌멩이나 나뭇가지를 가축의 수만큼 놓아 보며 수를 세기도 했지.

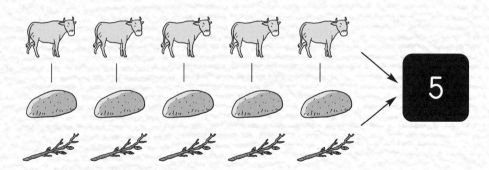

나뭇가지나 뼈에 금을 하나씩 그
어서 수를 나타내기도 했어. 실제로
옛 사람들이 동물의 뼈에 눈금을 새
겨서 수를 기록한 흔적이 세계 곳곳
에서 발견되었는데, 1937년 체코의
한 마을에서 늑대 뼈에 55개의 눈
금이 새겨져 있는 셈 막대가 발견
되기도 했어.

▲ 이상고의 뼈
아프리카 콩고에서 발견된 오래된 동물
의 뼈. 눈금을 새겨서 수를 표시한 흔적
이 있다.

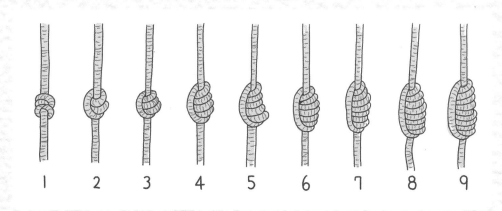

또 남아메리카 잉카에서는 여러 가지 색의 끈에 매듭을 만들어 수
를 나타내고, 계산을 하기도 했대. 매듭의 크기를 이용해 숫자를 나
타냈는데, 매듭의 크기가 클수록 큰 수라고 해.

날짜 20☆♡년 ♣월 △일	날씨 하늘이 맑고 푸름

제목 물고기잡이

　오늘은 아빠, 오빠, 나 셋이서 강으로 작은 물고기를 잡으러 갔다. 아빠는 솜씨를 발휘하여 4마리를 잡아 첫째로 많이 잡았고, 오빠가 둘째로 3마리를 잡았다. 나는 오빠보다 1마리 적은 2마리밖에 못 잡았다. 내가 꼴찌라고 생각하니까 괜히 속상했다. 아빠와 오빠는 속상해하는 나를 달래며 잡은 물고기를 모두 주었다. 나는 물고기를 집에 가져와서 어항에 넣었다. 물고기가 죽지 않도록 잘 돌봐 주어야지.

현아가 순서를 첫째, 둘째 등으로 센다는 것과 3보다 1 적은 수는 2라는 것도 잘 알고 있구나. 물고기를 많이 잡은 순서로 따지면 아빠가 첫째, 오빠가 둘째니까 그 다음인 현아는 셋째가 되겠네. 아무래도 꼴찌보다는 셋째가 낫겠지?

여기가 어디야?

상호는 왜 돈가스 가게에 못 갔을까? 분명 현아가 말한 1과 2가 쓰인 버스를 탔는데 말이야. 그 이유는 1과 2의 위치 때문이란다. 현아가 말한 버스는 12번 버스였고, 상호가 탄 버스는 21번 버스였지.

똑같은 숫자 1이라도 12에서의 1은 10개짜리 블록 한 줄의 수와 같고, 21에서 1은 블록 1개와 같아. 즉 숫자가 쓰인 자리에 따라서 나타내는 값이 다르다는 거지.

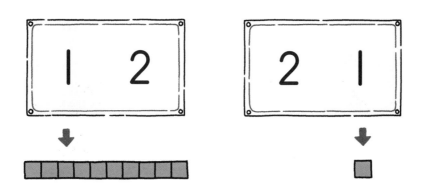

우리가 배운 0부터 9까지의 숫자를 12, 21처럼 두 개 붙여서 쓴 수를 **두 자리 수**라고 해. 두 자리 수에 대해 더 알고 싶다고? 자! 지금부터 선생님과 함께 두 자리 수에 대해 자세히 알아보자.

👀 개념 이어 보기

앞에서 배운 개념	이번에 배울 개념	뒤에서 배울 개념
• 5까지의 수 • 9까지의 수	• 50까지의 수 • 100까지의 수	• 세 자리 수 • 네 자리 수

20까지의 수

달걀은 모두 몇 개일까?

농장에 닭, 오리, 소, 양, 돼지 등 동물들이 많아. 돼지, 소, 양은 새끼를 낳지만 닭과 오리는 알을 낳지. 현아와 상호가 달걀을 바구니에 담고 있어.

9보다 1 큰 수는 10(십·열)이야.

달걀을 10개가 들어가는 판에 담으니 현아의 달걀은 1판을 채우고 3개 더 있어. 이처럼 10개씩 한 묶음과 낱개 3개를 13으로 쓰고 **십삼** 또는 **열셋**이라고 읽어.

10묶음	낱개
1	3

→

13	
십삼	열셋

상호의 달걀은 1판과 4개야.

10묶음	낱개
1	4

→

14	
십사	열넷

이런 식으로 0부터 9까지의 숫자를 써서 10보다 큰 수를 나타낼 수 있어. 그럼 달걀을 10개씩 넣은 판이 2개라면 달걀은 모두 몇 개일까? 10개씩 2묶음이고 낱개는 0이니까 **20**으로 쓰고 **이십** 또는 **스물**이라고 읽지.

십몇을 정리해 줄게.

10묶음	낱개
2	0

→

20	
이십	스물

10개짜리 달걀이 3판이면 다음과 같단다.

10묶음	낱개
3	0

→

30	
삼십	서른

11	12	13
십일 열하나	십이 열둘	십삼 열셋
14	15	16
십사 열넷	십오 열다섯	십육 열여섯
17	18	19
십칠 열일곱	십팔 열여덟	십구 열아홉

닭이 낳은 알을 깨고 노란 병아리가 나오기 시작했어. 알에서 나온 순서대로 병아리를 한 마리씩 작은 방에 넣어 주고, 순서에 맞게 번호표를 붙여 주기로 했지.

17번 병아리는 16번과 18번 병아리 사이에 있어. 번호표가 없는 병아리에게 순서에 맞는 숫자를 써 주렴.

숫자 12를 '십둘', '열이' 이런 식으로 읽으면 안 돼. 한자어와 우리말을 섞어 읽으면 안 된다는 말이지.

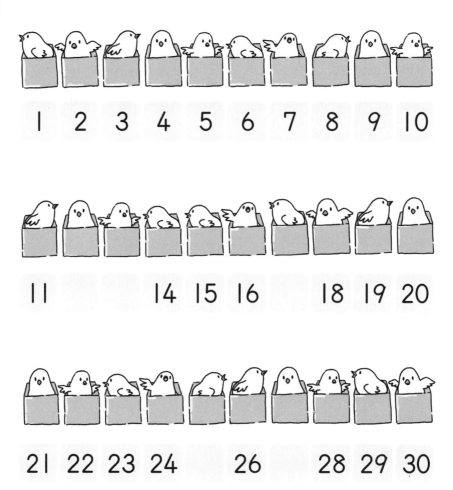

1 2 3 4 5 6 7 8 9 10

11 ⬜ ⬜ 14 15 16 ⬜ 18 19 20

21 22 23 24 ⬜ 26 ⬜ 28 29 30

둘씩 짝을 지어 볼까?

귀여운 병아리와 아기 오리들이 모여 있어.

30보다 작은 짝수는
2, 4, 6, 8, 10, 12,
14, 16, 18, 20, 22,
24, 26, 28.
30보다 작은 홀수는
1, 3, 5, 7, 9, 11,
13, 15, 17, 19, 21,
23, 25, 27, 29야.

오리와 병아리를 따로 나누고, 둘씩 짝을 지어 볼까?

오리는 둘씩 짝을 지을 수 있지만, 병아리는 둘씩 짝을 지으니 한 마리가 남아. 아기 오리의 수 4처럼 둘씩 짝을 지을 수 있는 수를 **짝수**라고 해. 또 병아리의 수 3처럼 짝을 지을 수 없는 수를 **홀수**라고 해.

2, 4, 6, 8, 10, …은 짝수, 1, 3, 5, 7, 9 …는 홀수야.

농장에 있는 동물들의 수를 세어 보려고 해.

❶ 닭과 병아리 가족들이 있어. 각각의 수를 세어 써 보자.

닭	12	십이	
병아리		십육	
달걀	23		스물셋

❷ 아기 돼지와 송아지의 수를 각각 세어 써 보고, 수가 더 많은
쪽에 ○표해 보자.

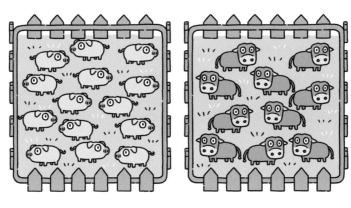

아기 돼지들에게 태어난 순서대로 번호표를 붙였어.

① 아기 돼지들의 몸에 붙어 있는 번호표의 숫자들을 큰 수부터
차례로 써 보자.

② 위에서 쓴 숫자들 중에서 짝수만 골라서 써 보자.

③ 농장 아저씨가 15번 돼지 다음에 태
어난 돼지를 선물로 주신대. 위의 그림에
서 선물로 받을 돼지에 ○표해 보자.

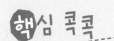 심 콕콕

• 큰 수에서 작은 수의 순서로
세어 보자.
20-19-18-17-16-15-14-
13-12-11-10-9-8-7-6-5-
4-3-2-1
• 짝을 지을 수 있는 수를
짝수, 짝을 지을 수 없는 수를
홀수라고 해.

100까지의 수

사과는 모두 몇십 개일까?

동물 농장 옆 과수원에 탐스러운 과일들이 가득 열렸어. 상호는 사과, 현아는 배를 따서 담는 일을 도왔지.

사과, 배, 감은 가을에 나오는 과일이야.

상호는 사과를 10개씩 들어가는 상자에 담았어.

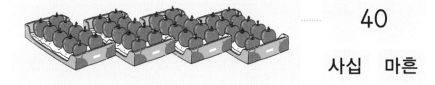

40

사십 마흔

10씩 4묶음은 40이야. 40은 **사십** 또는 **마흔**이라고 읽지. 사과 상자가 하나씩 늘어나면 사과의 수는 어떻게 달라질까?

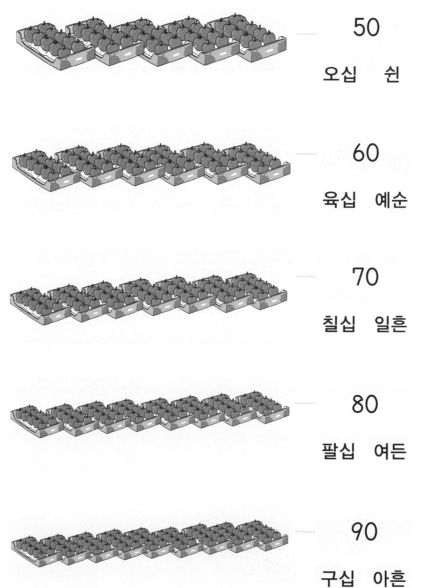

50
오십　쉰

60
육십　예순

70
칠십　일흔

80
팔십　여든

90
구십　아흔

옛날에는 하나만 있는 것도 1로 표시하고 손가락 전체의 수가 1번 있는 것, 즉 10개도 1로 표시했단다. 0을 쓰면서 1과 10을 구별하기 쉬워진 거야.

　상호가 사과를 담으면서 수 세는 법까지 알게 되었네? 큰 수를 셀 때는 10씩 묶어 봐. 10묶음이 1개면 10, 2개면 20, 3개면 30, 8개면 80이 된단다.

배는 몇십몇 개일까?

현아는 농장 아주머니와 열심히 배를 따서 담았어.

농장 아주머니가 따서 담은 배야. 모두 몇 개일까?

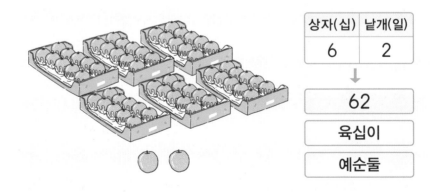

상자(십)	낱개(일)
6	2

⬇

62

육십이

예순둘

배가 10개 들어가는 상자의 수는 6, 낱개의 수는 2
야. 10이 6개, 1이 2개인 수를 62라고 쓰고 **육십이**
또는 **예순둘**이라고 읽어.

그럼 현아가 딴 배는 모두 몇 개일까?

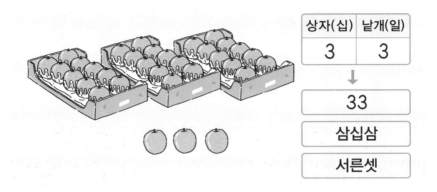

상자(십)	낱개(일)
3	3

↓

33
삼십삼
서른셋

배 10개들이 3상자와 낱개 3개니까 10이 3, 1이 3인 **33**이야. **삼십삼** 또는 **서른셋**이라고 읽지.

62, 33은 두 자리 수야. 두 자리 수에서 첫 번째 수는 10이 몇 개인가를 나타내고 두 번째 수는 1이 몇 개인가를 나타내지.

수를 셀 때는 10씩 몇 묶음이고, 낱개가 몇 개인지를 센 뒤에 10묶음의 개수를 **십의 자리**에, 낱개의 수를 **일의 자리**에 순서대로 쓴다는 사실을 꼭 기억하렴.

십의 자리	일의 자리
3	3

↓

십의 자리	일의 자리
3	0
	3

10씩 묶어 셀 때는 더 이상 10씩 묶이지 않을 때까지 묶어야겠지?

43

순서대로 숫자를 써넣자

과일 상자들을 쌓아 놓고 위에서부터 순서대로 번호표를 붙였어. 그런데 번호표 몇 개는 숫자가 빠져 있네? 빠진 숫자들을 찾아 써넣어 보자.

어? 세로줄에 있는 숫자들은 모두 일의 자리 수가 같아.

1	2	3	4	5	6	7	8	9	
11	12	13	14	15		17	18	19	20
21	22	23	24	25	26	27	28	29	30
31	32		34	35	36	37	38	39	40
41	42	43	44	45	46	47	48	49	50
51	52	53	54		56	57	58	59	60
61	62	63	64	65	66	67	68	69	70
71	72		74	75	76	77	78	79	80
81	82	83	84	85	86	87	88	89	90
91	92	93	94	95	96	97	98	99	

아하, 가로줄에 있는 9개의 숫자들은 모두 십의 자리가 같은 숫자들이야!

상자의 숫자들을 잘 보면 몇 가지 사실을 알 수 있어. 오른쪽으로 한 칸씩 가면 1씩 커지고, 왼쪽으로 한 칸씩 가면 1씩 작아진다는 건 쉽게 알았을 거야. 그러니까 9 다음에는 9보다 1 큰 수인 10, 15 다음에는 15보다 1 큰 수이면서 17보다 1 작은 수 16이 들어가.

45 아래에는 어떤 수가 올까? 45가 있는 세로줄의 숫자들을 보렴. 뭔가 알아냈니? 그래, 아래로 한 칸 내려갈 때마다 십의 자리 숫자가 1씩 커진다는 것, 즉 10씩 커진다는 거야. 그리고 위로 올라갈 때마다 반대로 십의 자리 숫자가 1씩 작아진다는 것, 즉 10씩 작아진다는 거지.

1부터 100까지 차례대로 쓰인 수 배열표를 보고 또 다른 규칙들을 찾아보렴.

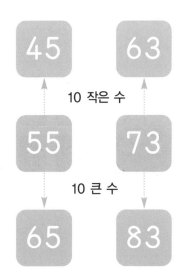

이제 맨 마지막 한 칸이 남았지? 마지막 칸에 들어갈 수는 99보다 1 큰 수야. 99보다 1 큰 수를 100이라고 하고 **백** 또는 **일백**이라고 읽어.

어느 쪽이 더 많을까?

두 자리 수끼리 비교할 때 십의 자리 숫자가 다르면, 십의 자리 숫자가 큰 수가 더 커.

농장과 과수원 옆에는 양과 염소를 키우는 목장도 있어. 양과 염소도 꽤 많지? 각각의 마릿수를 세어서 10개짜리 빨대 묶음과 낱개로 나타내 보았어.

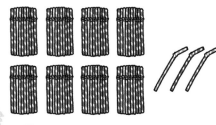

83 ----- 팔십삼   여든셋

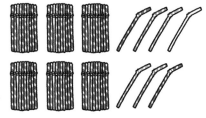

67 ----- 육십칠   예순일곱

양과 염소 중에 어떤 동물의 수가 더 많을까? 두 자리 수를 비교할 때는 십의 자리 숫자를 먼저 살펴봐.

8과 6 중에서 8이 더 크다는 건 알고 있지? 따라서 십의 자리 수가 8인 83이 십의 자리 수가 6인 67보다 더 큰 수야. 따라서 염소보다 양이 많단다.

그럼 이번에는 37, 32와 같이 십의 자리 숫자가 같은 두 자리 수의 크기는 어떻게 비교할까? 이럴 땐 일의 자리 숫자를 비교해 보면 돼. 7과 2 중에서 7이 더 크니까, 일의 자리 숫자가 2인 32보다 일의 자리 숫자가 7인 37이 더 큰 수란다.

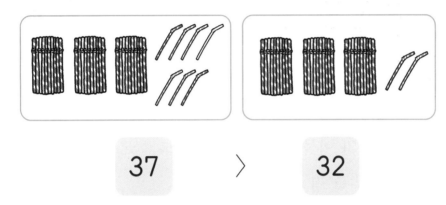

37 〉 32

- 10묶음의 수는 둘 다 3이다.
- 낱개의 수는 37이 더 크다.
- 37은 32보다 크다.
- 32는 37보다 작다.

두 자리 수를 비교할 때에는 먼저 십의 자리 숫자끼리 비교해 보고, 십의 자리 숫자가 같다면 일의 자리 숫자끼리 비교해 보면 돼. 더 크다는 표시는 〉 또는 〈 로 나타내지. 더 큰 수 쪽으로 입을 벌린 모양의 기호라고 생각하면 쉽단다.

두 자리 수를 비교할 때 십의 자리 숫자가 같으면 일의 자리 숫자가 큰 수가 더 큰 수야.

 여러 가지 모양의 맛있는 어묵 꼬치가 있어.

❶ 어묵이 모두 몇 개인지 세어 써 보자.

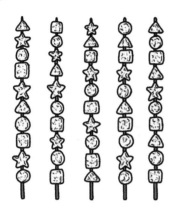

어묵은 10개씩

(　　　)묶음이니까,

숫자 (　　　)으로 쓰고

(　　　)이라고 읽어요.

❷ 여러 가지 모양의 어묵을 10개씩 묶어 보고 모두 몇 개인지

세어 숫자와 읽는 법을 써 보자.

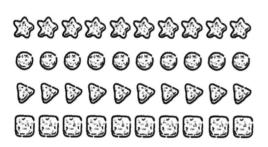

사십

❸ 같은 모양의 어묵끼리 선으로 이어 보고, 숫자들을 읽어 보자.

칠십　육십　구십　팔십

60　80　70　90

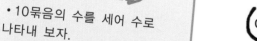아흔　일흔　예순　여든

핵심 콕콕

• 10묶음의 수를 세어 수로 나타내 보자.

• 수는 두 가지 방법으로 읽을 수 있어.

숲 속 도토리 나무에 도토리가 10개씩 달려 있어.

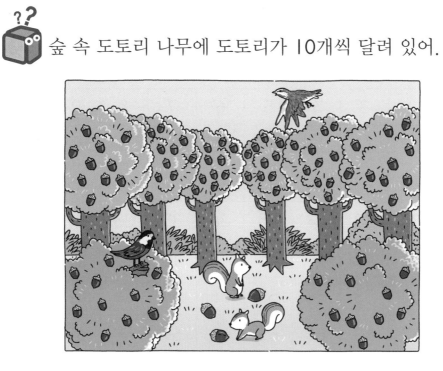

① ☐ 안에 알맞은 숫자를 적어 보자.

도토리는 10개씩 ☐ 묶음과 낱개 ☐ 개가 있어서

모두 ☐ 개입니다.

② 숲 속 동물의 수를 각각 읽는 방법에 맞게 선으로 이어 보자.

39 ·   · 오십칠 ·   · 서른아홉

57 ·   · 삼십구 ·   · 쉰일곱

수영장에 갔더니 각각의 사물함에 번호가 붙어 있어.

1	2	3	4	5	6	7	8	9	10
11	12	13	14	15	16	17	18	19	
21	22	23	24	25	26		28	29	30
31	32	33	34	35	36	37	38	39	40
41	42	43		45	46	47	48	49	50
51	52	53	54	55	56	57	58	59	60
61	62	63	64	65	66	67	68	69	70
71	72	73	74	75	76	77		79	80
	82	83	84	85	86	87	88	89	90
91	92	93	94	95	96	97	98	99	

1 번호가 없는 곳에 순서에 맞게 숫자를 써넣어 보자.

2 상호가 자기 사물함을 찾고 있어.
상호의 사물함 번호에 ○표해 보자.

내 사물함 번호의
숫자는 10씩 6묶음과
낱개가 9인 수야.

3 일의 자리가 3인 사물함을 모두 색칠해 보렴.

가위바위보로 연필을 나눠 가지는 게임을 해 보자.

1 상호와 현아가 게임을 하고 난 후 가진 연필은 다음과 같았어. 연필을 10자루씩 묶어 보고 각각 몇 자루인지 써 보렴.

 자루　　　　 자루

2 서술형 상호와 현아 중 누구의 연필이 더 많은지 써 보고, 그렇게 쓴 이유를 이야기해 보렴.

핵심 콕콕

• 두 자리 수의 크기를 비교할 때 십의 자리 수가 큰 수가 더 크다.

• 십의 자리 숫자가 같을 때는 일의 자리 수가 큰 수가 더 크다.

인도-아라비아 숫자

　　먼 옛날에는 나라마다 수를 나타내는 방법이 서로 달랐지만, 오늘날 대부분의 나라에서는 '인도-아라비아 숫자'를 사용하고 있어. 인도-아라비아 숫자는 맨 처음 인도에서 만들어져서 아라비아 상인들을 통해 퍼져서 널리 쓰이게 된 것으로, 이미 우리가 알고 있는 0, 1, 2, 3, 4, 5, 6, 7, 8, 9의 10개의 숫자를 말해. 이 10개의 숫자만으로 아무리 큰 숫자라도 쉽게 나타낼 수 있고, 계산도 무척 간편했기 때문에 널리 사용하게 된 거란다. 이집트나 바빌로니아의 숫자는 수가 늘어날 때마다 계속 새로운 숫자를 만들어 내야 하지만 인도-아라비아 숫자는 10개의 숫자만으로 '일의 자리', '십의 자리' 등의 자릿값에 따라 얼마든지 수의 크기를 나타낼 수 있었거든.

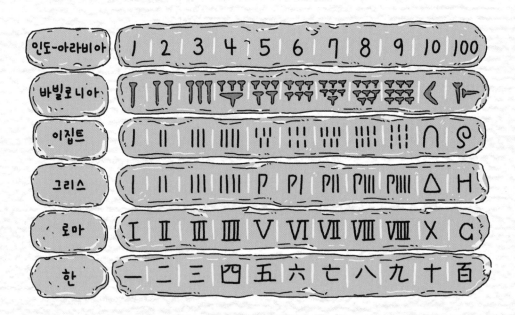

인도-아라비아 숫자에서는 10이 될 때마다 한 자리씩 올리지. 10씩 묶어서 세는 것을 '10진법'이라고 해. 이집트, 로마, 중국 등 여러 나라에서 10진법을 사용했는데, 그 이유는 열 개의 손가락을 기준으로 수를 세었기 때문이야. 만약 손가락의 수가 10개가 아니었다면 아마 지금과는 전혀 다른 수 세기 방법을 사용하고 있을지도 몰라.

고대 마야에서는 손가락과 발가락의 수를 모두 합한 수인 20을 기본 단위로 사용했다고 해.

그런데 10이 아닌 다른 수를 기본으로 묶어 세는 경우도 있어. 컴퓨터가 작동하려면 뭐가 필요하지? 그래 전기가 필요해. 전기가 들어오거나 안 들어오는 2가지의 경우로 컴퓨터가 작동하기 때문에 컴퓨터에서는 2를 기본 단위로 하는 '2진법'을 사용해.

시계를 보면 시간은 12시까지 있고 한 시간은 60분으로 되어 있지? 그래서 시간의 시를 셀 때는 12진법을 사용하고, 분을 셀 때는 60진법을 사용하지.

날짜 20☆♡년 ♣월 △일	날씨 약간 흐림

제목 구슬 모으기

　내 취미는 예쁜 구슬을 모으는 것이다. 알록달록 예쁜 색깔의 구슬을 보고 있으면 기분이 아주 좋아지기 때문이다. 내가 모은 구슬은 빨간 구슬 13개, 파란 구슬 65개, 노란 구슬 49개, 초록 구슬 21개이다. 파란 구슬이 65개로 가장 많고, 빨간 구슬이 13개로 가장 적다. 내일 상호가 내가 가장 좋아하는 노란 구슬을 1개 준다고 했다. 이제 내 노란 구슬이 50개가 될 것이다. 나도 상호에게 파란 구슬 하나를 선물로 줘야지.

상호에게 파란 구슬을 하나 주면 65보다 1 작은 수, 64개가 되겠다. 받으려고만 하지 않고 좋아하는 것을 서로 주고받는 모습이 보기 좋네. 너희들이 서로 배려하는 모습에 선생님은 100점을 주고 싶구나!

괴물을 물리치는 마법 구슬

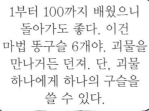

1부터 100까지 배웠으니 돌아가도 좋다. 이건 마법 똥구슬 6개야. 괴물을 만나거든 던져. 단, 괴물 하나에게 하나의 구슬을 쓸 수 있다.

상호야, 구슬!

앗!

에잇!

이얍!

펑!

펑!

헉! 이게 무슨 냄새지?

저 괴물한테도 던졌어야 했는데.

도망 갔으니 안 오겠지.

괴물이 많아졌어!

남은 구슬을 모두 던지면 돼.

크아!

펑!

펑!

펑!

서라!

어떡해!

악! 도망 가자.

일단 뛰어!

크 윽

왜 이리 찜찜하지?

도망갔던 괴물 하나가 친구 괴물들까지 데려오는 바람에 상호와 현아가 괴물의 수와 구슬 수를 제대로 세지 못했어. 괴물의 수가 적어졌다가 많아졌다가 하니 정신이 없을 만도 했겠구나. 상호와 현아가 만난 괴물은 모두 여섯이었고, 실제로 가지고 있던 마법 구슬은 다섯 개였어. 마법 구슬이 하나 적었기 때문에 마지막 괴물은 귀여운 동물로 변하지 않았던 거야.

덧셈과 뺄셈을 척척 했다면 처음에 사용한 구슬과 나중에 사용한 구슬의 수, 사라졌다가 다시 나타난 괴물의 수 등을 금방 알 수 있었을 거야. 그럼 이제부터 덧셈과 뺄셈 도사가 되는 연습을 시작하자!

개념 이어 보기

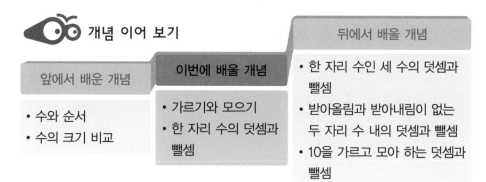

앞에서 배운 개념	이번에 배울 개념	뒤에서 배울 개념
• 수와 순서 • 수의 크기 비교	• 가르기와 모으기 • 한 자리 수의 덧셈과 뺄셈	• 한 자리 수인 세 수의 덧셈과 뺄셈 • 받아올림과 받아내림이 없는 두 자리 수 내의 덧셈과 뺄셈 • 10을 가르고 모아 하는 덧셈과 뺄셈

쏙쏙 개념 **5**

1학년 1학기
덧셈과 뺄셈
1학년 2학기
덧셈과 뺄셈

가르기와 모으기

갈라 보고, 모아 보자!

3개의 공깃돌이 있어. 오른손과 왼손에 나누어 놓아 보겠니? 만약 한 손에 2개, 다른 손에 1개를 쥐었다면, 3을 2와 1로 가른 거야. 다시 양손의 공깃돌을 한 곳에 모아 놓으면 3개가 되지? 이건 2와 1을 모은 거야.

가르기와 모으기는 뒤집으면 흘러내리며 갈라졌다가 다시 모이는 모래시계 속 모래 같아.

가르기는 하나의 수를 여러 개의 수로 나누는 것이고, **모으기**는 여러 개의 수들을 하나로 모으는 거야. 덧셈과 뺄셈을 더욱 쉽게 하려면 우선 가르기와 모으기에 익숙해지는 게 좋단다.

58

두 수를 갈라 볼까?

맛있는 옥수수가 4개 있어. 친구랑 둘이 옥수수를 나눠 먹으려고 할 때, 옥수수를 어떻게 가를 수 있을까?

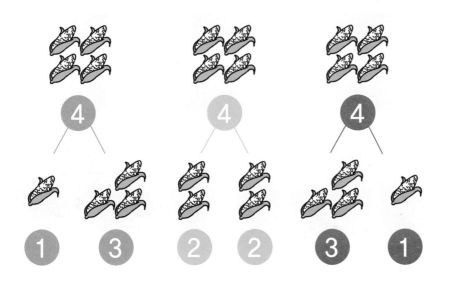

4개의 옥수수를 가르는 방법에 따라 나와 친구가 먹을 옥수수의 개수가 달라져. 이렇게 하나의 수를 가르는 방법은 여러 가지가 있단다. 그럼 아래의 수들을 각각 두 수로 갈라 보자.

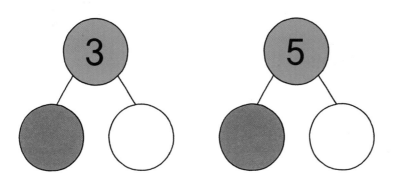

다섯 손가락을 굽혀 가며 가르기를 해 보렴.

두 수를 모아 볼까?

 수를 갈라 보았으니, 이번에는 반대로 수를 모으는 방법을 알아보자.

 선생님, 상호, 현아가 식당에서 음식을 골랐어. 상호가 볶음밥, 선생님과 현아는 돈가스를 주문했을 때 주문한 음식과 나온 음식의 수를 나타내 보자.

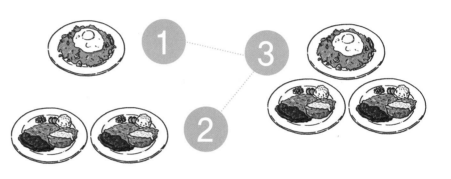

3을 1과 2로 가른 다음, 1과 2를 다시 모아도 3이 되는구나!

 그런데 만약에 상호와 선생님이 볶음밥, 현아가 돈가스를 골랐다면 어떻게 될까?

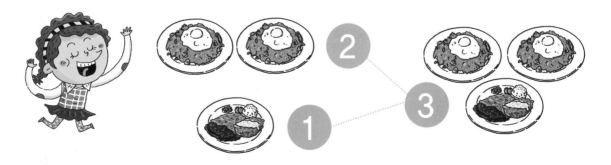

 즉 1과 2를 모아도 3, 2와 1을 모아도 3이 된단다.

자, 친구들이 편을 나눠 게임을 하려고 모여 있어. 남자 친구와 여자 친구, 두 편으로 가르기를 했더니 여자 친구 편이 왠지 불리할 것 같아서 다시 하나로 모았지.

여자 친구들을 치마 입은 친구와 바지 입은 친구, 남자 친구들을 안경 낀 친구와 안 낀 친구로 각각 갈라 보렴.

두 수를 모은다는 건, 두 수를 합한다는 것과 같은 뜻이란다. 하나의 수를 여러 가지 방법으로 갈라 보고, 가른 수를 다시 모아 보는 연습을 많이 해 보렴.

빠짐없이 가르기와 모으기

하나의 수를 가르는 방법은 여러 가지가 있다고 했지? 이제부터 아무리 큰 수라도 가르는 방법을 모두 찾을 수 있는 비결을 알려 줄게. 사실 규칙만 알면 간단해. 어떤 수를 두 수로 가를 때 처음에는 1과 다른 수로 갈라. 그리고 처음에 가른 두 수에서 하나는 1씩 커지게, 다른 하나는 1씩 작아지게 하는 식으로 다시 가르는 거야. 이 방법으로 7을 갈라 보자.

7을 가르기 하는 방법은 6가지, 8을 가르기하는 방법은 7가지, 9를 가르기 하는 방법은 8가지! 그럼 20을 가르기 하는 방법은 19가지…?

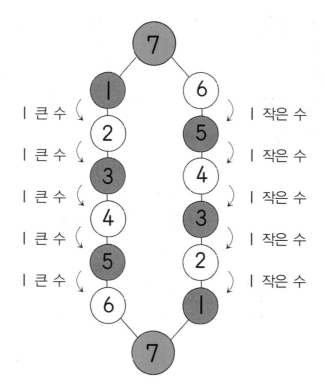

이와 같이 두 수를 모으는 방법도 여러 가지란다.

62

앞에서 알려 준 방법대로 이번에는 두 자리 수도 갈라 보자. 17을 두 수로 갈라 써 보는 거야.

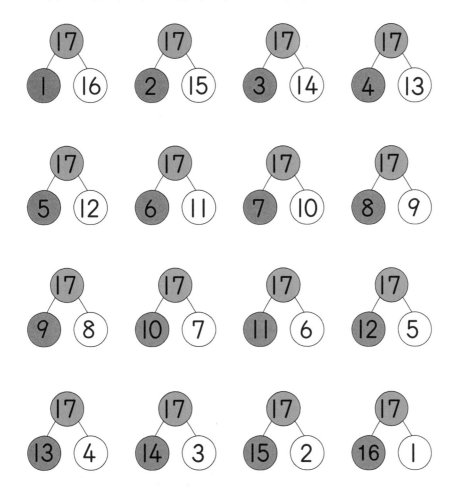

우리가 앞에서 100까지의 수를 배울 때, 십의 자리 수와 일의 자리의 수를 나누어서 생각했던 것 기억나지? 아무리 큰 수라고 해도 각 자리의 수는 9를 넘지 않아. 그러니 9까지의 수만 가르고 모을 수 있다면 더 큰 수도 쉽게 가르고 모을 수 있지. 게다가 10으로 모으기까지 익숙해지면 더 쉽단다.

뚝딱뚝딱, 10으로 모아 보자!

하나의 수를 두 수로 가르고, 두 수를 모아서 하나의 수로 나타낼 때 **10으로 모으기**가 특히 중요한 이유는 무엇일까?

세계의 많은 사람들이 편리하게 쓰고 있는 숫자 0, 1, 2, 3, 4, 5, 6, 7, 8, 9를 '인도-아라비아 숫자'라고 한다는 건 앞에서도 배웠지? 우리는 이 10개의 숫자만 가지고도 위치에 따라 수의 크기를 나타낼 수 있어. 이 숫자의 위치를 '자리'라고 하는데, '일의 자리', '십의 자리'와 같이 자릿값을 나타낼 수 있어. 그리고 두 수를 모아서 10을 만들면 큰 수의 덧셈과 뺄셈도 쉽게 할 수 있지. 뿐만 아니라 다음 학년에서 배울 곱셈이나 나눗셈을 할 때에도 꽤 편리하게 사용된단다.

그럼 모아서 10이 되는 두 수에 대해 알아보자.

1부터 9까지의 수를 차례대로 쭉 써 봐. 그리고 그 아래에 거꾸로 9부터 1까지의 수를 쓰는 거야.

이제 위의 수와 아래의 수를 선으로 이어 보렴.

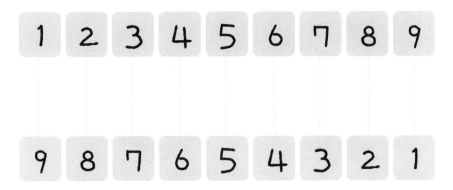

눈치 챘니? 그래. 이어진 두 수를 모으면 각각 10이 돼. 1과 9, 2와 8, 3과 7처럼 모아서 10이 되는 두 수를 '짝꿍 수' 또는 '10의 보수'라고 한단다. 짝꿍 수를 이용해서 친구와 재미있는 놀이를 해 보렴.

짝꿍 수 놀이

1. 두 명의 친구가 마주 보고 앉습니다.
2. 한 친구는 다른 친구에게 보이지 않게 바둑돌 10개를 양손에 나누어 쥡니다.
3. 다른 친구에게 오른손에 쥔 바둑돌 개수를 맞추게 합니다.
4. 왼손을 펴서 바둑돌을 보여 줍니다.
5. 오른손에 쥔 바둑돌 개수를 다시 맞춰 보게 합니다.

동물원에서 사과와 당근을 동물에게 직접 줄 수 있대.

1 사과와 당근을 모아서 10개씩 가져가려고 해.

보기 와 같이 수 모으기의 방법으로 빈칸을 채워 보자.

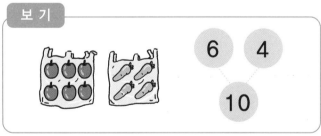

보 기

6   4

10

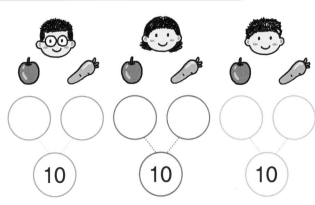

10   10   10

핵심 콕콕

• 하나의 수를 두 수로 가르는 것을 수 가르기, 두 개의 수를 하나의 수로 모으는 것을 수 모으기라고 해.

• 하나의 수를 가르는 방법에는 여러 가지가 있어.

먹이를 먹고 난 양과 돼지가 물을 마시려고 해.

1 몇 마리씩 모여 물을 마실 수 있는지, 8을 두 수로 갈라 보자.

8   8   8

2 위의 그림을 보고 각각의 동물들의 수를 모아 보자.

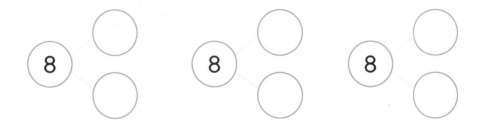

1   2   2   3   1   3

덧셈과 뺄셈

언제 더할까?

덧셈이 필요한 상황인지 알아 보려면 처음의 수보다 많아지는지 적어지는지를 생각해 보렴.

아까 상호와 현아가 만났던 괴물의 수를 떠올리며 덧셈과 뺄셈에 대해 알아보자.

괴물 하나가 사라졌다가 나중에 친구 셋을 데리고 다시 나타났지? 괴물의 수를 간단히 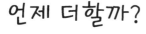로 나타내 보자.

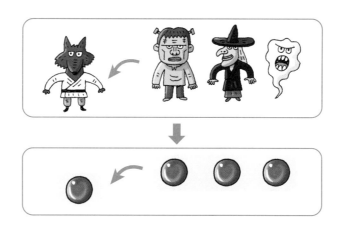

괴물의 수가 1이었는데, 3이 더해져서 4가 되었네!

처음에 하나였던 괴물의 수는 더 많아지겠지? 구슬의 개수를 세어 보면 괴물이 처음보다 얼마나 늘었는지, 모두 몇인지 알 수 있어. 이처럼 어떤 수에 수가 더해지고 처음 있던 수보다 많아져서 모두 얼마인지 알아야 할 경우에 덧셈이 필요해.

처음에 마법 구슬에 맞은 괴물 둘이 동물로 변했지? 그럼 이번에는 동물로 변한 괴물과 아직 변하지 않은 괴물까지 모든 괴물의 수를 세어 보자. 이번에도 괴물들의 수를 간단히 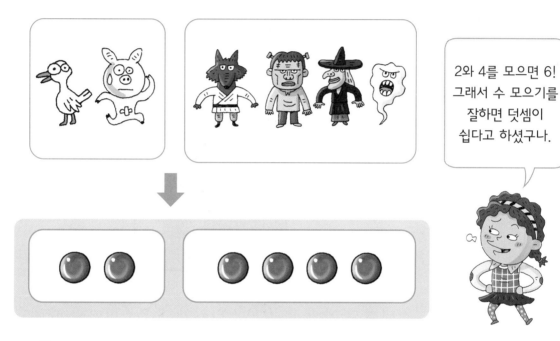로 나타내 보자.

2와 4를 모으면 6! 그래서 수 모으기를 잘하면 덧셈이 쉽다고 하셨구나.

의 개수를 세어 보니까 하나, 둘, 셋, 넷, 다섯, 여섯. 괴물의 수는 모두 6이라는 것을 알 수 있어. 그런데 수를 더할 때마다 이렇게 을 그려서 다시 하나하나 세려면 좀 불편하겠지?

하지만 걱정하지 마. 덧셈을 간단히 할 수 있는 방법이 있으니까.

덧셈과 덧셈식

컴퓨터 자판이나 계산기, 휴대 전화기에서 ✚나 ＝와 같은 모양을 본 적이 있지? ✚는 **더하기**를 나타내고, ＝는 **같다**는 뜻이야. ✚와 ＝를 사용해서 덧셈을 식으로 나타낼 수 있단다.

상호가 받은 칭찬 스티커는 모두 몇 개일까?

스티커 판에 붙은 😊 스티커와 ☆ 스티커를 따로따로 모아 숫자, 그리고 ✚와 ＝로 나타내면 다음과 같단다.

쓰기	$4 \quad + \quad 2 \quad = \quad 6$

읽기	• 4더하기 2는 6과 같습니다. • 4와 2의 합은 6입니다.

😊와 ☆의 수를 셀 때 어느 것을 먼저 세어도 결과는 모두 6개야. 이와 같이 두 수를 더할 때 수의 순서를 바꾸어 계산해도 결과는 항상 같지.

상호가 받은 스티커는 6개야. 그런데 새로 3개를 더 받는다면 상호의 스티커는 모두 몇 개가 될까?

상호가 이제까지 받은 스티커를 ♥로, 새로 받은 스티커를 ♡로 나타내 볼까? 그리고 그림을 숫자와 기호로 나타내어 덧셈식을 완성해 보자.

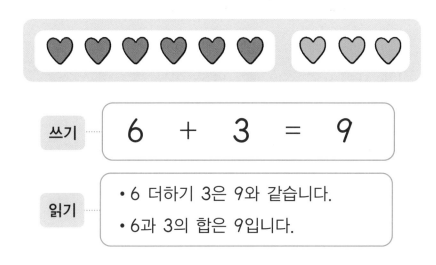

쓰기 6 + 3 = 9

읽기
• 6 더하기 3은 9와 같습니다.
• 6과 3의 합은 9입니다.

언제 뺄까?

+와 =을 사용해서 덧셈을 식으로 나타낼 수 있었지? 마찬가지로 **빼기**를 뜻하는 ㅡ를 써서 뺄셈도 식으로 나타낼 수 있어. 그럼 어떤 경우에 뺄셈이 필요할까?

아까 상호와 현아가 괴물을 만났을 때, 가지고 있던 마법 구슬을 모두 던졌는데도 동물로 변하지 않은 괴물이 남아 있던 것 기억하지?

상호와 현아가 가지고 있던 구슬은 5개였어. 그런데 처음에 2개의 구슬을 사용했지.

한 번 사용한 구슬은 다시 쓸 수 없어. 그러니 없다고 생각하면 돼. 이것을 그림으로 나타내 보자.

사라진 것, 없어진 것은 /로 지워 볼 수도 있어.

이제 사라진 구슬을 뺀, 남아 있는 구슬의 개수를 세어 보자. 하나, 둘, 셋. 남은 구슬은 3개야.

처음에 있던 구슬은 5개였는데, 2개를 사용하고 나니 3개가 남은 거야. 처음보다 수가 작아졌지?

이처럼 처음의 수에서 어떤 수만큼 빼고 나면 얼마나 남는지 알아야 할 경우에 뺄셈이 필요하단다.

괴물의 수와 상호와 현아가 가진 구슬의 수를 서로 짝지어 보자.

괴물의 수는 6, 상호와 현아가 가진 구슬은 5개야.

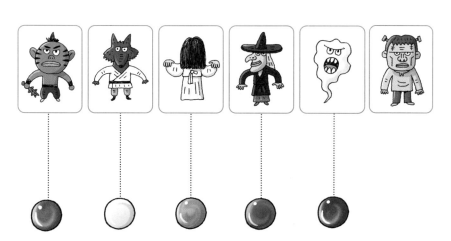

덧셈은 앞뒤 수의 순서가 바뀌어도 결과가 똑같다고 했는데, 뺄셈도 그런가요?

괴물의 수가 구슬의 수보다 1 더 많지? 바꿔 말하면 구슬의 수가 괴물의 수보다 1 적었던 거야.

그럼 괴물을 모두 물리치려면 구슬이 몇 개가 더 있어야 했을까? 괴물의 수 6에서 구슬의 수 5를 빼면 되겠지. 구슬은 1개가 더 필요해. 즉 구슬이 1개 더 있어야 괴물의 수와 구슬의 수가 같아지는 거지.

뺄셈에서는 앞뒤 순서가 바뀌면 안 돼. 큰 수와 작은 수의 차이를 알아보는 게 뺄셈이거든.

뺄셈과 뺄셈식

뺄셈이 필요한 경우를 알아보았으니까 이제 뺄셈도 식으로 나타내 보자. 맛있는 파이가 5개 있어. 그런데 동생이 와서 2개를 먹었어. 동생이 먹어서 사라진 파이를 화살표로 빼거나, /로 지워 보자. 그리고 이것을 다시 숫자와 −, =로 나타내면 다음과 같단다.

+와 −는 누가 가장 먼저 사용했을까? 현재까지 알려진 바로는 1489년 독일의 비트만이 자신의 책에서 '지나치다'는 뜻으로 + 부호를, '부족하다'는 의미로 − 부호를 처음 사용했대.

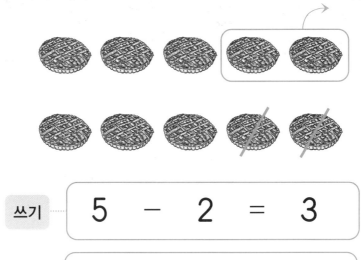

쓰기 ·····
$$5 - 2 = 3$$

읽기 ·····
- 5 빼기 2는 3과 같습니다.
- 5와 2의 차는 3입니다.

5개의 파이 중에서 동생이 2개를 먹어서 남은 파이의 수는 3이 되었어. 이때 남은 파이 3개를 아빠가 다 드셨다면? 파이는 하나도 남지 않겠지.

$$3 - 3 = 0$$

이번엔 동생이 먹은 파이와 아빠가 드신 파이의 수를 비교해 볼까? 동생이 먹은 파이를 ●로 아빠가 드신 파이를 ●로 나타내고, 하나씩 짝을 지어 보자.

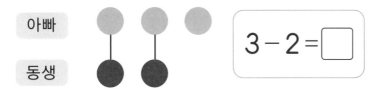

$$3 - 2 = \square$$

아빠가 동생보다 1개를 더 드셨다는 걸 알 수 있어. 다시 말해, 3과 2의 차는 1이 되지.

아무도 파이를 먹지 않은 경우도 뺄셈식으로 나타낼 수 있을까? 그래, 0을 써서 뺄셈식을 만들 수도 있어.

$$5 - 0 = 5$$

덧셈식에서는 두 수의 순서를 바꾸어 더해도 결과가 같았지? 0에 어떤 수를 더하거나 어떤 수에 0을 더해도 마찬가지야. 하지만 뺄셈식에서는 달라. 0은 아무것도 없는 상태라서 0에서는 어떤 수도 뺄 수 없거든. 그리고 뺄셈식에서는 두 수의 순서를 바꾸면 결과가 달라지기 때문에 순서를 바꾸면 안 돼. 3에서 2를 빼는 것과 2에서 3을 빼는 것은 다르단다.

♥ − 0 = ♥ (○)

0 − ♥ = ♥ (×)

서로 친한 덧셈식과 뺄셈식

덧셈식과 뺄셈식은 서로 아주 친해. 덧셈식을 뺄셈식으로 만들 수 있고, 반대로 뺄셈식을 덧셈식으로 만들 수도 있거든. 순서만 잘 바꿔 주면 간단하단다.

사과 3개와 복숭아 2개가 있을 때, 모든 과일의 수를 알아보는 덧셈식을 세우면 다음과 같아.

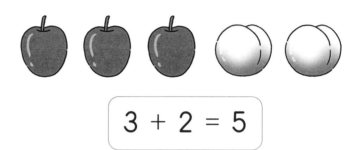

$$3 + 2 = 5$$

이 덧셈식을 가지고, 사과의 수를 알아보는 뺄셈식으로 나타낼 수 있어. 또 마찬가지 방법으로 복숭아의 수를 알아보는 뺄셈식으로도 나타낼 수 있단다.

덧셈식을 보고
뺄셈식을 만들어 보자.
$2 + 5 = 7$
$\rightarrow 7 - 5 = 2$
$\rightarrow 7 - 2 = 5$

과일의 수		$3 + 2 = 5$
사과의 수		$5 - 2 = 3$
복숭아의 수		$5 - 3 = 2$

이번에는 뺄셈식을 가지고 덧셈식으로 만들어 볼까?

꼬마가 풍선 6개를 들고 있었는데, 그만 4개를 놓쳐서 하늘 높이 날아가 버렸어. 남은 풍선의 수를 나타내는 뺄셈식은 다음과 같아.

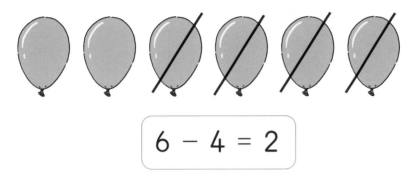

$$6 - 4 = 2$$

뺄셈식을 보고, 처음에 있던 풍선의 수를 알아보는 덧셈식으로 나타내 보자.

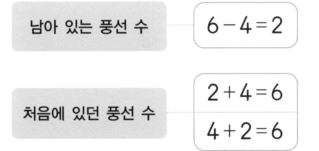

남아 있는 풍선 수	$6 - 4 = 2$
처음에 있던 풍선 수	$2 + 4 = 6$ $4 + 2 = 6$

이번엔 뺄셈식을 덧셈식으로 만들어 볼게요.
$7 - 5 = 2$
$\rightarrow 2 + 5 = 7$
$\rightarrow 5 + 2 = 7$

덧셈식에서 더하는 두 수의 순서를 바꾸어도 결과는 같다고 했으니까, 뺄셈식 6-4=2를 덧셈식으로 만들 때 2와 4의 순서를 다르게 하여 2+4=6과 4+2=6의 두 가지 덧셈식으로 만들 수 있는 거란다.

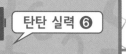

 현아의 그림 일기를 보고 물음에 답해 보자.

오늘 형우와 도서관에서 책을 두 권 읽었다. 내일 독서 스티커 받을 생각에 설레어 스티커 판을 꺼내 보았다. 칭찬 스티커 ☺ 4장, 독서 스티커 ♥ 3장이 붙어 있다. 내일도 책을 읽어야지.

❶ 현아가 갖고 있는 스티커는 모두 몇 장일까? 그림을 완성하고, 덧셈식으로 써 보자. 그리고 덧셈식을 읽어 보렴.

☺	♥

쓰기   4 + ☐ = ☐

읽기   ☐

❷ 현아가 독서 스티커 2장을 더 받는다면 독서 스티커는 모두 몇 장이 될까? 그림을 완성하고, 덧셈식으로 써 보자.

☐ + 2 = ☐

형이 맛있는 호떡을 4개 먹고, 동생이 2개를 먹었어.

❶ 동생이 형과 같은 수의 호떡을 먹으려면 동생은 호떡을 몇 개 더 먹어야 할까? 그림을 그려서 해결해 보고, 뺄셈식으로도 나타 내어 보자.

❷ 형과 동생이 호떡을 먹고 나니까 접시에 호떡이 2개가 남아 있었어. 엄마가 처음에 만들어 주신 호떡은 모두 몇 개였을까? 덧셈식과 뺄셈식의 ☐ 를 채워서 알아보렴.

$$\boxed{} - 6 = 2$$

$$2 + 6 = \boxed{}$$

바빌로니아의 숫자

1800년대에 고고학자들은 메소포타미아에서 약 50만 개나 되는 점토판을 찾아냈어. 손바닥 크기의 것부터 책보다 더 크고 두꺼운 것까지 다양한 크기와 두께의 점토판에는 바빌로니아의 글자가 새겨져 있었지.

이 점토판의 내용은 문학, 종교, 과학 등의 여러 분야에 걸친 것들인데, 그중 수백 개는 수학과 관련된 표나 문제가 적혀 있는 점토판이었어. 이 점토판에는 상당히 높은 수준의 계산법이 담겨 있다고 해. 이를 통해 고대 바빌로니아 사람들의 수학 수준이 무척 높았다고 추측할 수 있었지.

바빌로니아는 농업과 목축을 기초로 하는, 세계에서 가장 오래된 문화를 꽃피웠던 곳이지.

바빌로니아는 1을 나타내는 기호 𒁹와 10을 나타내는 기호 𒌋를 기본 숫자로 하고 있어.

▲ 쐐기 문자가 기록된 점토판

진흙을 얇게 펴서 판판하게 만든 다음, 그 위에 갈대나 금속으로 글을 새기고 햇빛에 구워서 사용했다.

$$1 → 𒁹$$
$$2 = 1 + 1 → 𒁹 + 𒁹 = 𒁹𒁹$$
$$3 = 1 + 1 + 1 → 𒁹 + 𒁹 + 𒁹 = 𒁹𒁹𒁹$$

같은 원리로 4부터 9까지의 수는 다음과 같이 썼어.

4	5	6	7	8	9
𒁹𒁹𒁹𒁹	𒁹𒁹𒁹𒁹𒁹	𒁹𒁹𒁹𒁹𒁹𒁹	𒁹𒁹𒁹𒁹𒁹𒁹𒁹	𒁹𒁹𒁹𒁹𒁹𒁹𒁹𒁹	𒁹𒁹𒁹𒁹𒁹𒁹𒁹𒁹𒁹

또 11부터 19까지의 수는 1부터 9까지를 나타내는 일의 자리 수의 왼쪽에 10을 나타내는 𒌋을 붙여서 썼단다. 20은 10을 나타내는 𒌋을 두 개 사용하여 𒌋𒌋로 나타냈지.

$$11 = 10 + 1 → 𒌋 + 𒁹 = 𒌋𒁹$$
$$12 = 10 + 2 → 𒌋 + 𒁹𒁹 = 𒌋𒁹𒁹$$
$$20 = 10 + 10 → 𒌋 + 𒌋 = 𒌋𒌋$$

바빌로니아 사람들은 이런 식으로 𒌋와 𒁹를 사용해서 다른 숫자들도 나타냈단다.

날짜 20☆♡년 ♧월 △일	날씨 비 옴

제목 알쏭달쏭 퀴즈 놀이

　오늘 학교에서 재미있는 퀴즈 놀이를 했다. 모두 7문제가 나왔는데, 나는 그중에서 5문제를 맞히고 2문제를 틀렸다. 내 짝꿍은 나보다 1문제를 더 맞혀서 6문제를 맞혔으니까 딱 1문제만 틀린 셈이다. 앗! 여기서 수 가르기와 모으기가 생각났다. 모든 문제의 수 7을 내가 맞힌 문제 수 5와 틀린 문제 수 2로 가를 수 있고, 맞힌 문제와 틀린 문제의 수를 모으면 다시 모든 문제의 수 7과 같구나.

현아가 맞힌 문제 수 5와 틀린 문제 수 2를 더하면 전체 문제 수 7이 되니까 5+2=7이라는 덧셈식도 생각해볼 수 있겠다. 또 전체 문제 수 7에서 현아가 맞힌 문제 수 5를 빼면 현아가 틀린 문제 수 2가 되니 7-5=2라는 뺄셈식도 생각할 수 있겠지?

여러 가지 덧셈과 뺄셈

우유 묶어 사기

딸기 우유 7개, 초콜릿 우유 8개를 사야 해.

마침 잘됐다! 튼튼 우유로 10개 사면 더 싸대!

튼튼 우유
10개 사면
50% 할인!

그럼 우선 초콜릿 우유, 딸기 우유를 10개 묶어 보자!

드디어 10으로 모으기를 사용할 때군! 이건 내가 담아 볼게.

먼저 딸기 우유 5개, 초콜릿 우유 5개를, 아냐, 딸기 우유를 3개, 초콜릿 우유를 7개? 아냐, 딸기 우유는 6개…,

우선 10개는 골랐는데, 딸기 우유, 초콜릿 우유를 몇 개씩 더 사야 하지?

딸기 우유 7개랑 초콜릿 우유 8개를 사야 하니까…,

우유 좀 사 오랬더니, 얘들이 왜 이렇게 안 와? 벌써 1시간도 넘었는데….

 시장이나 대형 슈퍼마켓에 가면 물건을 몇 개씩 묶어서 싸게 팔 때가 종종 있지?

오이, 사과 등 채소나 과일을 10개씩 묶어서 팔기도 하고, 생선을 10마리씩 묶어서 팔기도 해. 또 너희가 좋아하는 아이스크림도 한꺼번에 10개를 사면 가격을 깎아 주는 곳도 있지.

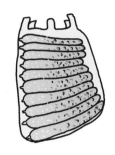

상호와 현아도 딸기 우유와 초콜릿 우유를 섞어서 딱 10개만 사면 쉬울 텐데, 사야 할 딸기 우유와 초콜릿 우유의 수가 정해져 있고, 두 가지 우유를 섞어 10개를 고른 다음 각각 몇 개씩 더 사야 할지 알아야 해. 상호와 현아가 딸기 우유와 초콜릿 우유를 지혜롭게 사는 방법은 무엇일까?

덧셈과 뺄셈에 익숙해지면 이런 문제도 생활 속에서 금방 해결할 수 있단다.

👀 개념 이어 보기

앞에서 배운 개념	이번에 배울 개념	뒤에서 배울 개념
• 가르기와 모으기 • 한 자리 수의 덧셈과 뺄셈	• 한 자리 수인 세 수의 덧셈과 뺄셈 • 받아올림과 받아내림이 없는 두 자리 수 내의 덧셈과 뺄셈 • 10을 가르고 모아 하는 덧셈과 뺄셈	• 받아올림과 받아내림이 있는 두 자리 수의 덧셈과 뺄셈

세 수의 덧셈, 뺄셈

1학년 2학기
덧셈과 뺄셈

세 수는 어떻게 더할까?

친구들이 집에서 키우는 햄스터, 고양이, 강아지를 데려 왔어. 동물이 몇 마리인지 덧셈식을 만들어 알아보자.

난 작은 수부터 더할래. $1 + 3 + 4$

$4 + 3 + 1$ 난 큰 수부터 더해야지.

세 수의 덧셈은 앞에서부터 차례로 더해 나가면 되지만, 순서를 바꾸어서 계산해도 된단다.

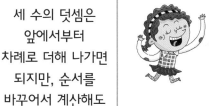

이번엔 더해야 하는 수가 세 개야. 세 수를 더할 땐 먼저 앞의 두 수를 더한 다음, 나머지 수를 더해.

$$1 + 3 = 4$$
$$4 + 4 = 8$$
$$1 + 3 + 4 = 8$$

$$4 + 3 = 7$$
$$7 + 1 = 8$$
$$4 + 3 + 1 = 8$$

덧셈과 뺄셈이 섞인 세 수의 계산

동물 친구들이 바다로 소풍을 가려고 해. 출발할 때는 토끼와 다람쥐 둘이었는데 사자, 원숭이, 고양이를 더 태우고 가다가 중간에 원숭이가 내렸어. 바다에 도착한 동물의 수는 모두 몇일까?

출발할 때의 동물 수는 2야. 중간에 더 탄 동물 수는 3, 중간에 내린 동물 수는 1이야. 더 탄 동물의 수는 덧셈, 내린 동물의 수를 뺄셈으로 나타내면 다음과 같아.

$$2 + 3 - 1$$

앞의 두 수를 먼저 계산한 다음 나머지 수를 계산하자.

$$2 + 3 \quad 1$$

$$5 - 1 = \boxed{}$$

7+2−4를
계산해 볼까?

$$\begin{array}{cc} 7 & 9 \\ +2 & -4 \\ \hline 9 & 5 \end{array}$$

앞의 두 수를
먼저 계산한 후,
나머지 수를
계산하면 되지.

87

세 수의 덧셈은
순서를 바꾸어
계산해도 괜찮아.

세 수의 덧셈과 뺄셈에 대해 좀 더 알아보자. 다음 덧셈식은 어떻게 계산하면 좋을까?

$$2 + 6 + 8$$

그래, 앞에서 말한 것처럼 순서대로 더하면 돼. 그런데, 2, 6, 8이란 숫자를 잘 보렴. 10으로 모을 수 있는 수가 있지? 바로 2와 8이야. 이럴 땐 순서를 바꾸어 더하면 조금 더 쉬워져.

$$2 + 6 + 8 = 2 + 8 + 6 = 10 + 6 = 16$$

세 수의 덧셈을 하기 전에 세 수 중에 더해서 10이 되는 두 수를 먼저 찾아보렴. 그리고 앞의 두 수의 합이 10이 되거나 뒤의 두 수의 합이 10이 되도록 순서를 바꾼 다음에 계산하면 되는 거야.

이번엔 덧셈과 뺄셈이 함께 있는 세 수의 계산을 살펴보자. 다음 식은 어떻게 계산할까?

$$7 - 2 + 3$$

순서대로 우선 앞의 두 수를 먼저 계산한 다음에 나머지 수를 계산해 보자.

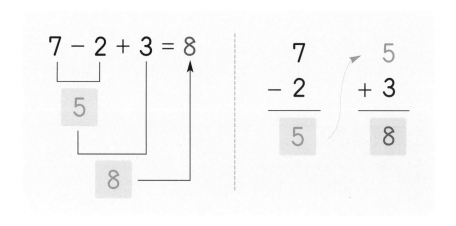

또 다른 방법은 없을까? 7과 3을 더하면 10이 되니까 순서를 바꾸어 7과 3을 먼저 더해서 10을 만든 다음, 10에서 2를 빼도 되겠지.

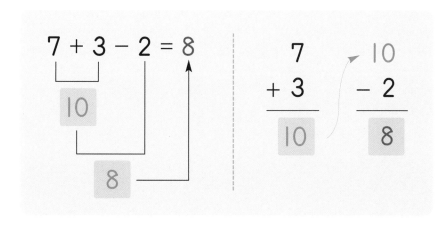

세 수의 덧셈과 뺄셈을 하는 데에는 여러 가지 방법이 있는데, 자신이 쉽게 느껴지는 방법으로 계산하면 된단다.

이 경우 숫자 바로 앞에 있는 +나 −가 그 숫자를 더할지, 뺄지를 결정한다는 것을 꼭 기억하렴.

할머니께서 울타리 안과 밖의 텃밭에 호박을 심으셨어. 여름이면 호박꽃이 활짝 피고, 커다란 호박도 열린단다.

❶ 호박꽃이 울타리 안의 밭에 7송이, 울타리 밖에 3송이, 지붕 위에 2송이가 피어 있어. 호박꽃이 모두 몇 송이인지 식을 세워 알아보자.

❷ 울타리 안에 호박이 4개, 울타리 밖에 5개가 열렸어. 그런데 할머니께서 2개를 따 가신다면 남는 호박은 모두 몇 개일지 식을 세워 알아보자.

 상호가 아빠, 삼촌과 함께 바다낚시를 했어. 아빠는 물고기를 4마리, 삼촌은 9마리, 상호는 1마리를 잡았어.

❶ 세 사람이 잡은 물고기의 수를 알아보는 두 가지 식이야.
☐ 안에 알맞은 수를 넣어 보자.

① $4 + 9 + 1 = \boxed{} + 1 = \boxed{}$

② $4 + 9 + 1 = 4 + \boxed{} = \boxed{}$

❷ 서술형 위 두 가지 식의 계산 중에서 어떤 것이 더 쉬웠니?
왜 그렇게 생각했는지 설명해 보렴.

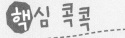
핵심 콕콕

세 수의 덧셈을 할 때 두 수의 합이 10이 되는 덧셈을 먼저 하면 더 쉽게 계산할 수 있어.

여러 가지 덧셈과 뺄셈 (1)

1학년 2학기
덧셈과 뺄셈

동물 친구들이 조개껍데기를 주웠어. 토끼 34개, 다람쥐는 23개를 주웠다면 조개껍데기는 모두 몇 개일까?

토끼

다람쥐

토끼와 다람쥐가 주은 조개껍데기의 수를 각각 10개짜리 막대와 낱개로 나타내 보자.

10개짜리 막대끼리,
낱개짜리 막대끼리
더하니까 쉽네?

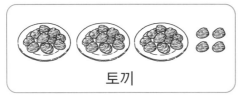

34   23   57

이번에는 자릿수를 맞춰 세로식으로 써서 계산해 보자.

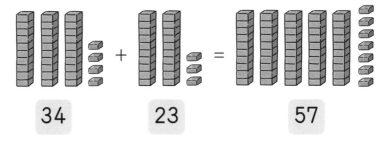

위와 같이 자릿수를 맞춰 쓴 다음, 일의 자리 수끼리 먼저 더하고, 십의 자리 수끼리 더하면 된단다.

토끼가 다람쥐보다 조개껍데기를 더 많이 주웠어. 몇 개를 더 주웠는지 알려면 뺄셈을 해 보면 되겠지?

하나씩 짝지어 본 후 남은 개수를 세어 보거나, 전체 수에서 빼는 수만큼 /으로 지운 후 남은 개수를 알아보았던 것 기억나지? 두 자리 수의 뺄셈인 34-23도 마찬가지 방법으로 계산할 수 있어.

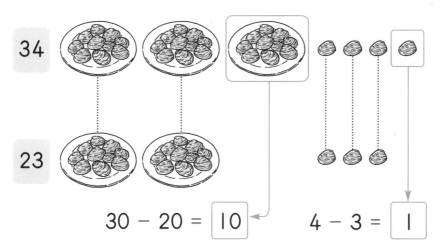

$$30 - 20 = \boxed{10} \qquad 4 - 3 = \boxed{1}$$

10개짜리 조개껍데기끼리 짝을 짓고, 낱개끼리 짝을 지으면 10개짜리 1개와 낱개 1개가 남아. 그러므로 토끼가 다람쥐보다 더 주은 조개껍데기 수는 이 둘을 더한 11이야.

/으로 지워서 두 수의 차를 알아보면 다음과 같아.

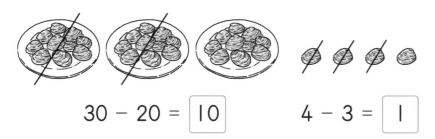

$$30 - 20 = \boxed{10} \qquad 4 - 3 = \boxed{1}$$

10개짜리 묶음끼리, 낱개는 낱개끼리 빼도 쉬워!

이번에는 토끼가 다람쥐보다 더 주운 조개껍데기의 수를 막대로 나타내 보자.

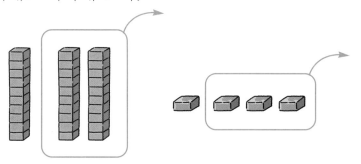

10개짜리 막대 3개에서 2개를 덜어 내고, 낱개 4개에서 3개를 덜어 내면, 남은 막대는 10개짜리 막대 1개와 낱개 1개야. 이렇게 나타내 봐도 34-23=11이라는 것을 알 수 있어.

두 자리 수의 뺄셈도 십의 자리와 일의 자리를 맞추어 세로식으로 써서 계산할 수 있어.

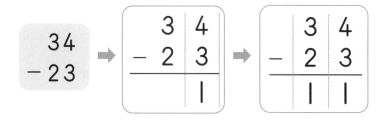

두 자리 수끼리 덧셈이나 뺄셈을 할 땐 그림을 그려 봐도 되고, 빨대 묶음이나 수 막대로 알아볼 수도 있어. 하지만 난 세로식이 가장 편해.

이처럼 두 자리 수의 덧셈과 뺄셈을 할 때에는 자릿수를 맞추어 세로로 쓴 다음, 각 자리의 수끼리 더하거나 빼면 쉽게 답을 알 수 있단다.

토끼와 다람쥐가 주은 조개껍데기는 모두 57개였지? 토끼와 다람쥐가 사자에게 조개껍데기를 주고 나니 5개가 남았지. 사자에게 준 조개껍데기의 수를 어떻게 알아낼까? 남은 조개껍데기 수 5와 사자에게 준 조개껍데기의 수를 더하면 토끼와 다람쥐가 처음에 갖고 있던 조개껍데기의 수 57이 되겠지? 우선, 사자에게 준 조개껍데기 수를 ☐로 표시하여 식으로 써 보자. 덧셈식과 뺄셈식으로 이렇게 나타낼 수 있어.

$$5 + \boxed{} = 57$$

$$57 - \boxed{} = 5$$

전체의 조개껍데기 수에서 사자에게 주고 남은 조개껍데기 수를 빼면 사자에게 준 조개껍데기 수를 알 수 있겠지? 즉 57-5=☐가 돼. 57-5를 세로식으로 계산해 보자.

☐가 가리키는 수를 알기 위해서 자릿수를 맞추어 세로로 계산하니 57-5=52라는 걸 쉽게 알 수 있지?

사자와 고양이가 바닷가에서 불가사리를 모았어. 사자는 27개, 고양이는 12개를 모았대.

❶ 사자와 고양이가 모은 불가사리가 모두 몇 개인지 식을 세워 알아보자.

❷ 사자와 고양이 중에 누가 불가사리를 얼마나 더 많이 모았는지 식을 세워 알아보자.

구운 새우 78마리 중에 토끼는 21마리, 다람쥐는 14마리를 먹었어. 남은 새우 13마리는 고양이가 먹기로 했지.

❶ 토끼와 다람쥐는 모두 몇 마리의 새우를 먹었는지 식을 세워 알아보자.

❷ 사자가 먹은 새우는 몇 마리인지 뺄셈식을 세워서 알아보고, 어떤 동물이 가장 많이 먹었는지 써 보렴.

여러 가지 덧셈과 뺄셈 (2)

1학년 2학기
덧셈과 뺄셈

지난번 상호와 현아가 우유를 사러 갔다가 쩔쩔맸지? 알고 보면 참 쉬운데 말이야. 딸기 우유와 초콜릿 우유를 섞어서 10개를 사는 방법을 생각해 보자.

사야 할 딸기 우유가 7개이니까, 10개 묶음으로 만들려면 초콜릿 우유를 3개 사면 돼. 그런데 초콜릿 우유는 8개를 사야 했어. 그러면 초콜릿 우유를 몇 개 더 사야 할까?

8은 3과 5로 가를 수 있어. 그러니까 딸기 우유 7개와 초콜릿 우유 3개로 먼저 10개 묶음을 만든 다음, 초콜릿 우유를 낱개로 5개 사면 되겠지.

두 수를 10으로 모으고, 하나의 수를 두 수로 나누는 방법은 여러 가지가 있다는 걸 기억하면 쉬울 거야.

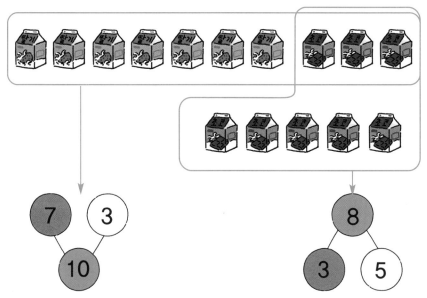

아니면 초콜릿 우유 8개를 먼저 고르고, 딸기 우유를
2개 사서 10개 묶음으로 만들어. 딸기 우유는 모두 7개
를 사야 하니까 5개를 더 사면 되겠지?

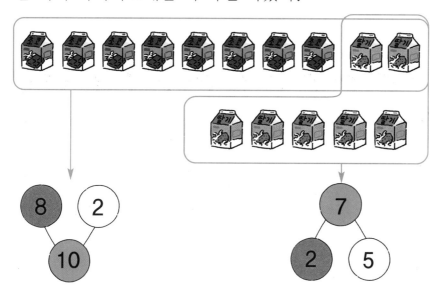

사야 할 딸기 우유와 초콜릿 우유의 수를 덧셈식으로
계산해 보자. 7에 더하는 수 8을 3과 5로 가르기를 하
면, 앞의 수 7과, 8에서 가른 3을 10으로 모아 계산할
수 있어.

$$7 + 8 = 7 + 3 + 5 = 10 + 5 = \boxed{}$$

이번엔 7을 5와 2로 가르면, 2와 뒤에 더하는 수 8을
10으로 모아 계산할 수도 있지.

$$7 + 8 = 5 + 2 + 8 = 5 + 10 = \boxed{}$$

현아가 아빠와 함께 맛있는 달걀 토스트를 만들어 먹기로 했어. 물론 현아는 필요한 재료들과 만드는 방법을 찾아서 열심히 적어 놓았지. 현아의 요리 노트를 살짝 들여다볼까?

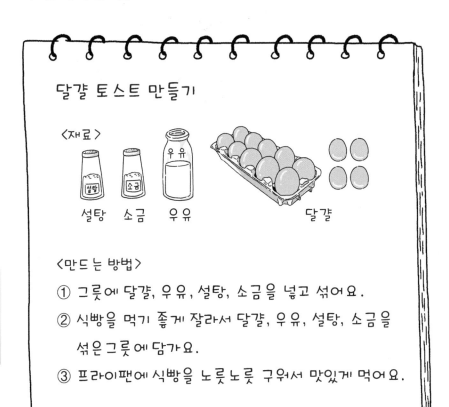

달걀 토스트 만들기

〈재료〉

설탕 소금 우유 달걀

〈만드는 방법〉
① 그릇에 달걀, 우유, 설탕, 소금을 넣고 섞어요.
② 식빵을 먹기 좋게 잘라서 달걀, 우유, 설탕, 소금을 섞은 그릇에 담가요.
③ 프라이팬에 식빵을 노릇노릇 구워서 맛있게 먹어요.

14-8을 계산하는 방법은 여러 가지가 있단다.

현아의 요리 노트 속 재료 중에 달걀의 개수를 잘 보렴. 달걀은 모두 몇 개지? 10개짜리 달걀 한 판과 달걀 4개가 있으니 모두 14개야. 토스트를 만드는 데 사용한 달걀이 8개라면, 남은 달걀은 모두 몇 개일까?

남은 달걀의 수를 구하는 뺄셈식은 다음과 같아.

$$14 - 8$$

우선 그림을 보면서 차근차근 알아보자. 처음에 있던
14개의 달걀이야.

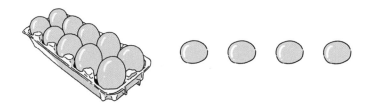

달걀 10개가 들어 있는 판에서 8개의 달걀을 빼서 썼
다면 달걀이 다음과 같이 남겠지?

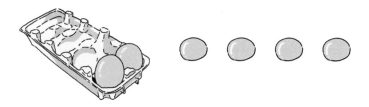

낱개는 4개 그대로 있고, 판에 남은 달걀은 2개니까
이 둘을 더하면 2+4=6. 그래서 달걀은 6개가 남아.

• 14-8을 계산하는 여러 가지 방법!
① 낱개 14에서 8을 덜어 낸다.
② 14를 10과 4로 가른 후 순서를
　바꿔 식을 세운다.
　14-8=10+4-8=10-8+4=2+4
③ 8을 4와 4로 갈라 써서 식을 세운다.
　14-8=14-4-4=10-4

이번에는 14-8을 10개짜리 막대와 낱개로 나타내보자.

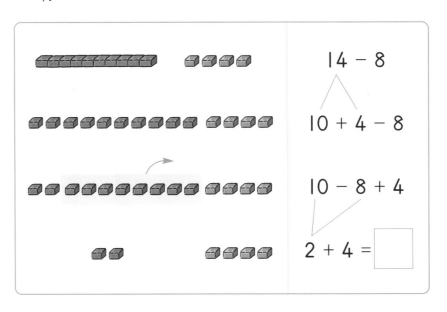

14-8이나 13-9와 같이 빼는 수가 10에 가까울 때에는 10을 먼저 빼고, 원래 빼야 하는 수보다 더 뺀 수만큼 더해 주는 방법도 있어.

앞에서 두 자리 수를 가르기 했을 때를 떠올려 봐. 위의 그림과 식을 잘 보면 14를 10과 4로 가르고, 계산을 좀 더 쉽게 하기 위해 셈의 순서를 바꿔 8을 먼저 뺀 다음에 4를 더하는 식으로 14-8을 계산했어.

또 이렇게 계산해 볼 수도 있어.

14-8보다 14-10이 더 쉬우니까, 14에서 10을 먼저 빼. 원래는 8을 빼야 하는데 2만큼 더 뺐으니까, 14-10을 한 후에 2를 다시 더해 줘야 해.

이것을 식으로 나타내면 다음과 같아.

$$14 - 8 = 14 - 10 + 2 = 4 + 2 = \boxed{}$$

이때 8 대신 10을 뺐기 때문에 10에 대한 8의 보수인 2를 다시 더해야 한다는 것을 꼭 기억하렴.

그리고 이런 방법도 있어.

14-8에서 빼는 수 8은 4와 4로 가를 수 있지? 8을 4와 4로 갈라서 식을 다시 쓰면 14-4-4가 돼. 10-4는 금방 알 수 있으니까 계산이 더 쉽겠지? 이것을 다시 식으로 나타내면 다음과 같아.

$$14 - 8$$
$$14 - 4 - 4$$
$$10 - 4 = \boxed{}$$

지금까지 우리는 앞에서 배웠던 하나의 수를 두 수로 가르기, 두 수를 하나의 수로 모으기, 두 수를 10으로 모으기 등을 활용해서 여러 가지 방법으로 식을 세우고 덧셈과 뺄셈을 해 보았어.

이 방법들 말고도 너희만의 새로운 방법은 없는지 더 찾아보렴.

가르기와 모으기만 잘 활용해도 두 자리 수, 또 그보다 더 큰 수의 덧셈과 뺄셈도 가능하단다.

현아의 할머니 댁에는 봉숭아 꽃이 피어 있어. 두 그루에 꽃이 각각 9송이, 6송이씩 피어 있어.

1 꽃은 모두 몇 송이인지 알맞은 식을 세워 알아보자.

2 위에서 세운 두 수의 덧셈식을 세 수의 덧셈식으로 바꾸어 계산하는 식이야. ☐ 안을 채워 보렴.

$$9 + \boxed{} = 9 + \boxed{} + \boxed{}$$

$$= 10 + \boxed{} = \boxed{}$$

상호가 식빵 9장으로 샌드위치를 만들어 먹으려고 해. 상호네 집에는 10장짜리 식빵 1봉지와 식빵 6장이 있어.

❶ 샌드위치를 만들고 남는 식빵은 몇 장인지 알아보기 위해 ☐ 안을 채워 알맞은 식을 세워 보자.

❷ 서술형 남는 식빵의 수를 알아 내기 위한 방법을 2가지 이상 이야기하고 식빵의 수를 써 보렴.

열 살의 꼬마 수학자 가우스의 덧셈

1부터 10까지 더한 수, 그러니까 1+2+3+4+5+6+7+8+9+10을 계산기를 쓰지 않고도 계산하는 특별한 방법 하나를 알려 줄게.

먼저 1부터 10까지의 수를 쓰고, 각각의 수 바로 아래에 거꾸로 10부터 1까지의 수를 써 봐. 그리고 위의 수와 아래의 수를 더해서 그 아래에 적어 보는 거야.

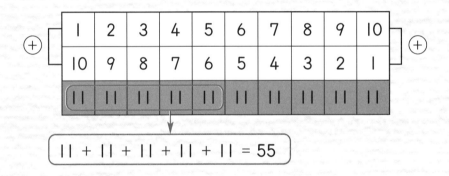

어때? 1과 10을 더해도 11, 2와 9를 더해도 11. 위의 수와 아래의 수를 더하면 신기하게도 모두 11이 돼. 이 열 개의 11을 모두 더하면 1부터 10까지 더한 수에 10부터 1까지 더한 수를 또 더하는 결과가 나오니까, 11을 5개만 더하면 1부터 10까지 더한 수를 알 수 있어. 11을 5개 더한 수는 10묶음이 5개, 낱개 1이 5개인 것과 같으니까 답은 55야.

같은 방법으로 1부터 100까지 더한 수도 알아낼 수 있지.

$$
\begin{array}{r}
1 + 2 + 3 + 4 + \cdots + 99 + 100 \\
+) \; 100 + 99 + 98 + 97 + \cdots + 2 + 1 \\
\hline
101 + 101 + 101 + 101 + \cdots + 101 + 101
\end{array}
$$

이렇게 기특한 계산 방법은 누가 알아냈을까? 바로 열 살의 꼬마 수학자 가우스란다.

독일의 가난한 벽돌공의 아들로 태어난 가우스는 말을 배우기 전부터 계산을 할 수 있을 만큼 뛰어났다고 해. 열 살의 가우스는 1부터 100까지의 수를 이렇게도 모아 보고, 저렇게도 모아 보다가 우연히 연속되는 수들의 덧셈 규칙을 발견한 거야.

가우스는 어릴 때부터 수학에 재능을 보였지만 가우스의 아버지는

▲ 가우스(1777~1855)

가우스는 아르키메데스, 뉴턴과 함께 세계 3대 수학자로 손꼽힌다. 뛰어난 계산력과 상상력으로 당시 천문학자들도 하지 못했던 케레스 소행성의 궤도를 10시간 만에 알아내서 모두를 놀라게 하기도 했다. 또, 물리학자 베버와 함께 전신기를 발명했다.

가난했기 때문에 가우스가 공부하는 걸 싫어했지. 다행히 호기심 많고 영리했던 가우스를 눈여겨봐 왔던 주변 사람들의 도움으로 가우스는 계속 공부를 할 수 있었어.

훗날 가우스는 수학뿐 아니라 천문학, 물리학 등 여러 분야에서 뛰어난 업적을 이루게 돼. 가우스는 지금까지도 '수학의 왕'으로 통하고 있단다.

▲ 독일에 있는 가우스의 동상과 가우스가 공부한 괴팅겐 대학의 대강당

날짜 20☆♡년 △월 ♡○일	날씨 하늘이 맑음

제목 탱글탱글 방울토마토

　외할머니와 텃밭에서 방울토마토를 땄다. 하나씩 딸 때마다 톡! 톡! 하는 소리가 재미있었다. 수학 시간에 배웠던 덧셈이 생각나서 우리가 딴 방울토마토를 10개씩 작은 그릇에 담아 세어 보았다. 외할머니는 그릇 3개를 채우고 3개가 남았으니까 33개, 나는 그릇 2개를 채우고 5개가 남았으니까 25개를 딴 것이다. 할머니랑 내가 딴 방울토마토는 모두 33+25=58, 모두 58개였다. 방울토마토를 학교에 가져가서 친구들이랑 나눠 먹어야지.

현아가 계산한 것처럼 (몇십몇)+(몇십몇)의 계산은 몇끼리의 합을 구하고, 몇십끼리의 합을 구해서 그 둘을 더하면 된단다. 외할머니가 현아보다 몇 개를 더 따셨는지 뺄셈식도 세워서 알아보렴.

누구 햄버거가 더 클까?

현아와 상호는 음료수 한 잔, 햄버거 한 개, 감자튀김 한 봉지로 구성된 세트 메뉴를 하나씩 시켰어. 하지만 음료수의 양, 햄버거의 크기, 감자 튀김의 개수를 비교해 보니 상호의 것이 훨씬 적었어.

우리는 생활 속에서 비교를 해야 할 일이 많아. 방학을 보내고 얼마나 더 컸는지 친구들과 키를 비교해 보기도 하고, 그림 그릴 종이를 고르기 위해 문방구에 있는 도화지들의 크기를 비교하기도 해.

이번에는 한 정글 부족의 이야기를 들려줄 거야. 이야기를 들으면서 비교하기에 대해 더 알아보자.

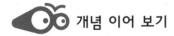 개념 이어 보기

앞에서 배운 개념	이번에 배울 개념	뒤에서 배울 개념
• 하나 더 많은 것과 하나 더 적은 것 • 두 수의 크기 비교하기 • 1 큰 수와 1 작은 수 알아보기	• 비교하기 • 시계 보기 (몇 시, 몇 시 30분)	• 길이 재기(cm, m) • 시각 읽기 (몇 시, 몇 분)

비교하기 · 시계 보기

누까누까족의 축제

어느 깊은 정글 속에 자연을 사랑하고 놀이를 좋아하는 누까누까족이 있었어. 이들은 1년에 한 번 '누까 왕 뽑기 대회'를 열고, 축제를 즐겼지.

대회는 두 팀으로 나누어 열리는데, 총 5개의 경기로 우승 팀을 가린 후, 우승 팀 사람들끼리 대결을 펼쳐 1등을 한 사람이 누까 왕이 되는 거야. 올해에는 모모 팀과 빠빠 팀의 경기를 지켜보며 점수도 기록해 보렴!

총 5경기 중 한 팀이 2경기, 다른 한 팀이 3경기를 이겼다면 2와 3의 크기를 비교해서 우승 팀을 가릴 수 있어.

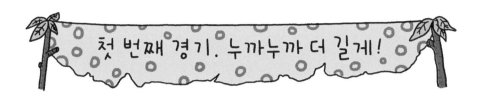

첫 번째 경기는 나무뿌리나 나무껍질 등을 이용해서 긴 밧줄을 만드는 거야. 정해진 시간 안에 밧줄을 더 길게 만드는 팀이 이기는 거지.

그럼 어느 팀의 밧줄이 더 긴지 확인해 볼까?

길이를 비교할 때는 한쪽 끝을 나란히 맞춘 다음 다른 쪽 끝을 비교해.

모모 팀의 밧줄은 빠빠 팀의 밧줄보다

더 **짧다**

빠빠 팀의 밧줄은 모모 팀의 밧줄보다

더 **길다**

결과는 어떻게 되었니? 첫 번째 경기는 빠빠 팀이 이겼구나. 이처럼 **길이**는 **길다**, **짧다**라고 말해.

점수 기록판

모모네 팀	빠빠네 팀

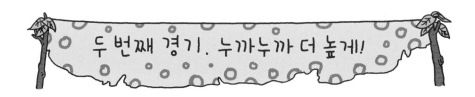
두 번째 경기. 누가누가 더 높게!

다음 경기는 돌로 더 높은 탑을 쌓는 팀이 이기는 거야. 모모 팀과 빠빠 팀은 각각 한참을 생각하던 끝에 각 팀에서 가장 큰 사람의 키만큼 탑을 쌓기로 했어.

탑을 다 쌓고 높이를 비교해 보았더니…

키를 비교할 때는 '높다, 낮다'라고 말하지 않고 '크다, 작다'라고 해야 해.

모모 팀이 쌓은 탑이
빠빠 팀이 쌓은 탑보다

더 높다

빠빠 팀이 쌓은 탑이
모모 팀이 쌓은 탑보다

더 낮다

점수 기록판

모모 팀 탑이 빠빠 팀 탑보다 더 높지? 이번에는 모모 팀의 승리야. 이처럼 **높이**는 **높다**, **낮다**라고 말해. 주의할 점은 높이를 비교할 때에는 맨 아래쪽을 똑같이 맞춘 다음 위쪽의 높이를 비교해 봐야 한다는 거야.

이번에는 더 무거운 물건을 가져오는 경기야. 모모 팀
과 빠빠 팀에서 가져온 물건을 심판이 양손에 올려놓았
어. 빠빠 팀이 가져온 바위를 든 손이 모모 팀이 가져온
커다란 양배추를 든 손보다 아래로 내려갔지.

바위가 작아도 더 무겁네.

너희도 놀이터에서
시소 타 봤지?
아래로 내려가는
쪽이 더 무겁고, 위로
올라가는 쪽이 더
가벼운 거란다.

바위가 양배추보다

더 무겁다

양배추가 바위보다

더 가볍다

이처럼 **무게**는 **무겁다, 가볍다**라고 말해.

점수 기록판

모모네 팀	빠빠네 팀

115

네 번째 경기. 누까누까 더 넓게!

갑자기 후드득후드득 비가 내리기 시작했어. 그래서 네 번째 경기는 더 넓은 나뭇잎을 구해 오는 걸로 했지. 넓은 나뭇잎으로 비를 가릴 수 있도록 말이야. 선수들은 나무가 우거진 숲 속으로 들어가 재빨리 커다란 나뭇잎을 따 왔지. 두 팀의 나뭇잎을 비교해 볼까?

두 물건을 겹쳐 봤을 때 남는 부분이 있는 물건이 더 넓은 거구나!

모모 팀의 나뭇잎이

더 **넓다**

빠빠 팀의 나뭇잎이

더 **좁다**

점수 기록판

모모네 팀	빠빠빠네 팀

나뭇잎의 한쪽 끝을 맞추어 겹쳐 보니 모모 팀 나뭇잎이 남네. 모모 팀 나뭇잎이 훨씬 넓다는 걸 알 수 있지? 이처럼 넓이는 **넓다**, **좁다** 라고 말해.

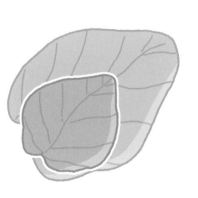

116

다섯 번째 경기. 누까누까 더 많이!

마지막은 한 사람씩 이어서 강물을 퍼 와서 모양과 크기가 같은 두 개의 통 안에 물을 많이 담는 경기야.

모모 팀 물의 양이

빠빠 팀 물의 양이

더 **많다**

더 **적다**

모모 팀 물의 높이가 더 높으니까 물의 양도 훨씬 많은 걸 알 수 있어. 이런 물의 양을 '들이'라고 하는데, **들이**는 **많다**, **적다**라고 한다.

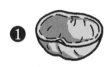 ❶

 ❷

 ❸

강물을 퍼서 옮길 때 세 개의 그릇 중 하나를 골라야 했는데, 모모 팀은 ❶번 그릇을 골랐어. 물을 한 번에 가장 많이 담을 수 있는 건 그릇의 크기가 가장 큰 ❶번 그릇이니까 모모 팀이 이긴 거란다.

그릇의 모양과 크기가 같을 때는 물의 높이가 높은 쪽의 물이 더 많아.

물의 높이가 같고 그릇의 모양과 크기가 다를 때는 큰 그릇의 물이 더 많지.

점수 기록판

모모네 팀	빠빠네 팀

이제 경기가 모두 끝났어. 어느 팀이 이겼을까?

누까 왕 뽑기 대회 결과 발표		
경기	모모네 팀	빠빠네 팀
누까누까 더 길게	✗ 짐	○ 이김
누까누까 더 높이	○ 이김	✗ 짐
누까누까 더 무겁게	✗ 짐	○ 이김
누까누까 더 넓게	○ 이김	✗ 짐
누까누까 더 많이	○ 이김	✗ 짐

와! 3대 2로 모모 팀이 이겼어.

대회에서는 모모 팀이 이겼지만 누까누까족 모두 정정
당당하게 경기를 펼쳤기 때문에 진 빠빠 팀도 슬퍼하지
않아. 누가 이기든 경기가 끝나면 모두 함께 신 나는 노
래를 부르며 즐겁게 춤을 추지.

9시부터 11시 30분까지

　드디어 누까 왕을 뽑는 날이야. 누까누까 마을에는 넓은 옥수수밭이 있는데, 누까누까족이 함께 농사짓고 있지. 이긴 모모 팀 5명이 밭에 들어가서 잘 익은 옥수수들을 바구니에 담아 와야 하는데, 아침 9시부터 시작해서 오전 11시 30분이 되면 누까누까족 마을의 커다란 시계탑 앞으로 모이는 거야. 그리고 옥수수를 가장 많이 딴 사람을 누까 왕으로 뽑기로 했어.

　그런데 모모가 시계 보는 방법을 모른대. 너희도 아직 잘 모른다고? 그럼 여기서 잠깐! 시계 보는 방법부터 알아보자꾸나.

: 의 앞에 있는 숫자는
'몇 시'를 나타내고,
: 의 뒤에 있는 숫자는
'몇 분'을 나타내.
시계가 나타내는
시각은 2시야.

몇 시일까?

시계에는 1부터 12까지의 숫자들과 이 숫자들을 가리키는 짧은바늘과 긴바늘이 있어. **짧은바늘**은 **시**를 나타내고, **긴바늘**은 **분**을 나타내지. 그래서 짧은바늘은 '시침', 긴바늘은 '분침'이라고도 부른단다.

5시   8시

긴바늘이 숫자 12를 가리킬 때에는 짧은바늘이 가리키고 있는 숫자에 '시'를 붙여 시각을 읽으면 돼. 그러니까 위의 시각은 5시, 그리고 8시가 되는 거야.

아까 누까누까족의 옥수수 따기 대회는 몇 시에 시작한다고 했지? 그래, 9시야. 짧은바늘과 긴바늘을 그려서 9시를 나타내 보렴.

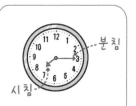

분침

시침

시곗바늘은 오른쪽으로 도는데, 긴바늘이 한 바퀴를 돌면 짧은바늘은 숫자 한 칸을 이동한단다.

몇 시 30분일까?

그럼 옥수수 따기 대회가 끝나는 11시 30분의 시곗 바늘은 어떤 모양일까?

먼저 11시를 알아보자. 짧은바늘은 11에, 긴바늘은 12에 있는 모양이겠지? 그런데 긴바늘이 6에 있으면 30분을 나타내. 11시 30분은 11시에서 30분이 지난 시각이니까 짧은바늘도 30분만큼 돌아가야 해. 그러니까 11시 30분이면 시계의 짧은바늘은 11과 12의 중간을 가리켜.

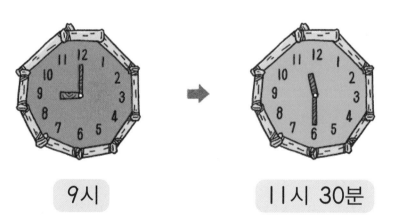

9시   11시 30분

긴 바늘이 가리키는 1은 5분, 2는 10분, 3은 15분, 4는 20분, 5는 25분, 6은 30분, 7은 35분, 8은 40분, 9는 45분, 10은 50분, 11은 55분이야.

만약 1시 30분이라면 시곗바늘은 어떤 모습일까?

짧은바늘은 1과 2 중간에, 긴바늘은 숫자 6에 가 있겠지. 즉 '몇 시 30분'일 때 짧은바늘은 '몇 시'와 다음 시의 중간에, 긴바늘은 6에 있단다.

결국 모모가 누까 왕이 되었어. 모모가 친구들과 함께
찍은 사진을 보면서 맞는 설명에 ○표해 보자.

① 모모의 지팡이는 오른쪽 끝에 있는 친구의 지팡이보다 더
(깁니다, 짧습니다).

② 바나나 나무는 야자나무보다 키가 더 (큽니다, 작습니다).

③ 하마는 다람쥐보다 더 (무겁습니다, 가볍습니다).

④ 나무에 묶인 현수막이 현수막 아래에 있는 점수판보다 더
(넓습니다, 좁습니다).

⑤ 모모의 컵에 담긴 물의 양이 옆 친구의 컵에 담긴 물의 양보
다 더 (많습니다, 적습니다).

누까누까족은 옥수수 따기 대회가 끝난 뒤에도 여러 가지 행사를 펼쳤어.

〈행사 시간표〉

누까 왕 취임식	축하 공연	숲 청소	저녁 식사	불꽃놀이
12시	3시 30분	5시	7시 30분	8시 30분

1 아래의 그림과 시계를 보고 시간표에 맞게 진행되었으면 '예', 다르게 진행되었으면 '아니오'에 ○표해 보자.

 (예, 아니오)

 (예, 아니오)

2 시간에 맞게 긴바늘과 짧은바늘을 그려 보자.

누까 왕 취임식

불꽃놀이

한 시간은 왜 60분일까?

1시간을 60분으로 나눈 이유가 무엇인지 아니? 정확하지는 않지만, 고대 바빌로니아 사람들 때문이라고 전해져. 바빌로니아 사람들은 큰 수를 셀 때 60씩 묶어서 세었대. 그런데 왜 60이었을까? 30도 있고, 100도 있는데 말이야. 사람들이 60씩 수를 묶어 센 데에는 몇 가지 이야기가 전해지고 있어.

첫 번째 이야기

오랜 옛날, 바빌로니아에는 해가 뜨고 지는 것만 관찰하는 학자가 있었어. 어느 날 학자는 태양이 돌고 돌아 360일 만에 제자리로 돌아온다는 사실을 발견했어. 그 후 바빌로니아 사람들은 360일을 1년으로 정했지. 태양을 동그라미라고 생각한 바빌로니아 사람들은 동그라미 한가운데에 점을 찍고 이 점을 기준으로 똑같은 모양의 동그라미를 그려 보았어. 그랬더니 6개의 동그라미가 그려진다는 것을 알게 되었지. 그래서 360을 6으로 나누었고, 이때 얻은 숫자 60을 시간의 기본 단위로 삼게 되었다는 거야.

태양 = 원+원+원+원+원+원
360 = 60+60+60+60+60+60

두 번째 이야기

수메르 사람들은 손가락으로 수를 나타냈는데, 그 방법은 부족마다 조금씩 달랐다고 해.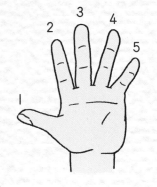

손가락 다섯 개를 사용해 5씩 묶어 수를 세는 부족이 있는가 하면, 어떤 부족은 엄지손가락을 뺀 나머지 네 손가락의 마디 열두 개를 사용해 12씩 수를 묶어 세기도 했어. 손가락 마디를 셀 때에는 엄지손가락으로 다른 네 손가락의 마디를 하나씩 세었지.

이렇게 손가락을 사용하는 부족과 손가락 마디를 사용하는 부족이 만나서 60으로 묶어 세는 방법을 만들었다고 해. 이 두 방식을 섞어서, 왼손의 손가락 마디 열두 개를 모두 세면 오른손의 손가락 하나를 접었어.

오른손의 다섯 손가락이 모두 접히면 어떤 숫자가 될까?

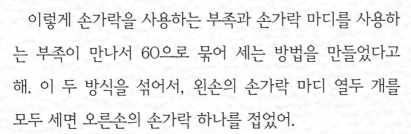

12를 다섯 번 더한 수, 바로 60이야. 60으로 묶어 세니까 큰 수를 셀 때 편리했어. 그래서 고대 사람들은 60을 신비의 숫자로 여기게 되었고, 이것이 후대로 계속 전해져 오늘날까지 이어진 것이란다.

날짜 20☆♡년 △월 ♣◇일	날씨 구름 잔뜩

제목 동전 넓이의 비밀

가장 넓다
가장 무겁다

가장 좁다
가장 가볍다

오늘 침대 밑을 청소하다가 동전을 많이 주웠다. 100원짜리와 50원짜리, 그리고 500원짜리도 있었다. 엄마는 이 동전을 내 돼지 저금통에 넣으라고 하셨다. 나는 신이 나서 동전을 하나씩 넣었다. 그런데 한 가지 사실을 발견했다. 그것은 500원, 100원, 50원의 무게가 다르고, 넓이도 다르다는 것이다. 더 중요한 사실은 큰 동전일수록 넓이가 넓고 무게도 무겁다는 것이다. 난 동전보다 더 넓지만 가벼운 종이 돈이 더 좋다.

현아가 재미있는 사실을 알아냈구나. 500원짜리, 100원짜리, 50원짜리 동전을 포개어 보면 동전의 넓이를 확실히 비교해 볼 수 있지. 세 가지 이상의 물건을 비교할 때는 '가장 넓다', '가장 좁다'와 같은 말로 나타낸단다.

상호의 휴지 사기

내 공을 받아라. 간다!

뻥!

상호야, 들어올 때 슈퍼에서 휴지 좀 사 올래? 둥근 기둥 모양으로!

아, 맞다! 엄마가 휴지 사 오라고 하셨지. 노느라 깜빡 잊을 뻔했네.

얘들아, 미안. 나 먼저 간다. 엄마 심부름 가야 해.

야, 축구하다 말고 어디 가!

아, 무슨 기둥 모양 휴지로 사 오랬는데. 노는 데 정신 팔려서 까먹었네.

에이, 모르겠다. 뽑아 쓰기 편하니까 이걸로 사 가야지.

화장실에서 쓸 휴지가 떨어졌는데! 둥근 기둥 모양이라니까!

둥근 기둥요? 쉽게 응가 닦을 휴지 사 오라고 하시지.

 우리가 생활 속에서 쉽게 쓰는 휴지도 종류에 따라 모양이 달라. 둥글게 말려 있는 두루마리 휴지는 둥근 기둥 모양이고, 한 장씩 뽑아 쓰는 각 티슈는 네모난 상자 모양이야.

엄마가 말한 '둥근 기둥 모양'만 상호가 잘 알았어도 휴지를 잘못 사 가지는 않았을 텐데 말이야.

둥근 기둥 모양, 네모난 상자 모양의 물건들은 어떤 것들이 있을까? 또 이 모양 말고도 다른 모양의 물건들은 어떤 것이 있을까? 눈을 크게 뜨고 잘 살펴보면 생각보다 쉽게 찾을 수 있단다.

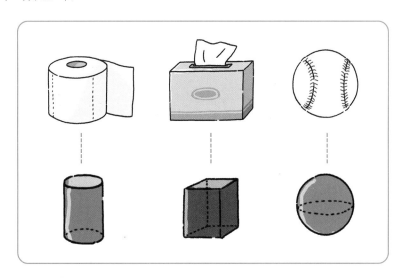

 개념 이어 보기

앞에서 배운 개념	이번에 배울 개념	뒤에서 배울 개념
• 같은 모양 찾기	• ⬛, ⬛, ⬛ 모양 • □, △, ○ 모양 • 규칙 찾기	• 원, 삼각형, 사각형, 오각형, 육각형 • 쌓기나무

 모양

책상의 윗 판은 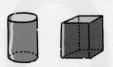 모양이고, 다리는 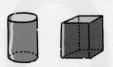 모양이네.

선생님이 어렸을 때 부모님께서 사 주신 작은 책상이 하나 있었는데, 너무 오래 썼더니 그만 책상 다리 하나가 뚝 떨어져 버렸지 뭐야? 소중한 보물과도 같은 물건이어서 버릴 수는 없고, 고쳐 쓰면 좋을 것 같았어. 그래서 다리를 새로 붙여 주려고 여러 가지 모양의 나무들을 모아 보았단다.

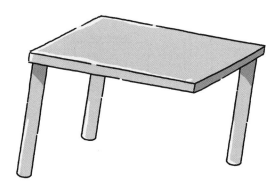

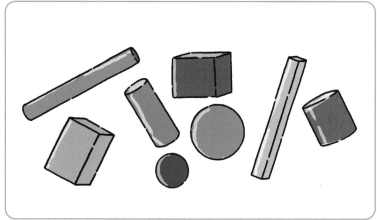

우선 책상에 붙어 있는 다리 모양부터 자세히 살펴보자. 위와 아래는 둥글고 세울 수 있는 ▯ 모양이야. 길이도 적당해야 하니까 긴 ▯ 모양을 골라서 붙이면 되겠다. 그리고 보니 상호가 샀어야 할 두루마리 휴지도 ▯ 모양이지? 사실 우리 주위를 둘러보면 이 모양을 꽤 많이 찾아볼 수 있어.

건물의 기둥이 이런 모양인 경우가 많은데, 둥글게 생겼으니까 ▯ 모양을 **둥근 기둥** 모양이라고 하자. 선생님이 모아 본 여러 가지 모양 중에는 ▯ 모양 말고도 또 어떤 게 있니? ▱ 모양도 있고, ◯ 모양도 있어.

우리 주변에서 여러 가지 모양 찾아보는 일은 생각보다 꽤 재미있단다. 그럼 이번에는 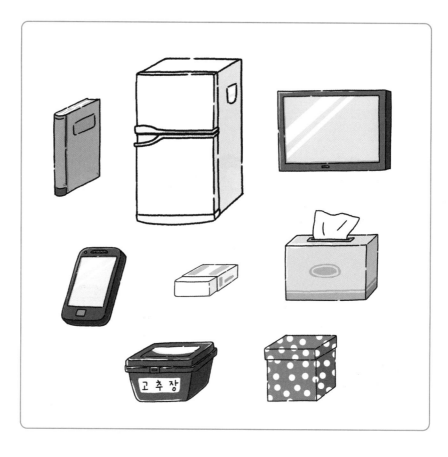 모양과 비슷한 모양의 사물들을 찾아볼까?

대부분의 건물은  모양이지만 위의 사진들처럼 다양한 모양의 건물도 있어.

컴퓨터 본체, 택배 상자, 벽돌, 그리고 우리가 사는 아파트도 이런 모양이야.

모양은 상자처럼 생겼는데, 네모로 되어 있으니까 **네모난 상자** 모양이라고 하면 어떨까?

모양은 쉽게 굴러가지도 않고, 왠지 안정적으로 보여.

모양은 상호가 가장 잘 찾을 것 같은데? 아까 상호가 친구들과 축구를 했는데, 축구공 모양은 어떤 모양이니? 그래 바로 🔵 모양이야. 축구공 말고도 야구공, 농구공, 배구공 등 공 종류만 떠올려도 엄청 많지? 또 어떤 것들이 있는지 생각해 보렴.

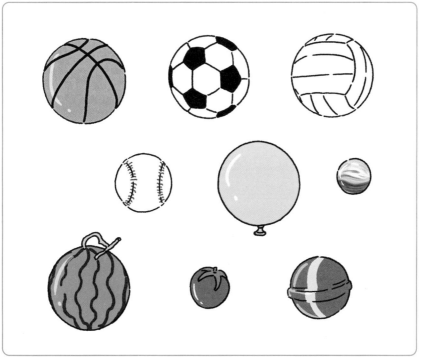

🔵 모양은 모두 공처럼 생겼으니까, **공** 모양이라고 부르는 게 가장 정확하겠다.

우리 주변의 사물들이 모두 같은 모양이라면 세상도 참 재미없는 모습일 거야. 🛢️ 🧊 🔵 모양 말고도 또 어떤 모양들이 있는지 찾아보렴.

133

탄탄 실력 ⑪

 친구들이 여러 가지 모양 굴리기 놀이를 하고 있어.

1 나무판을 비스듬히 놓고 위쪽에 올려놓았을 때 잘 굴러가지 않을 것 같은 물건에 모두 ○표해 보자.

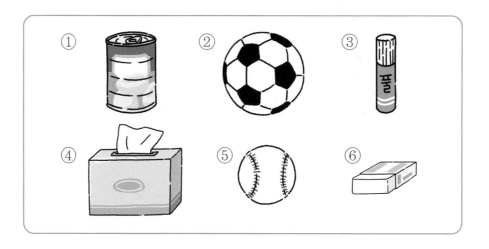

2 비슷하게 구르는 물건들끼리 모아서 번호를 적어 보자.

모든 방향으로 잘 굴러가는 것은 ☐ , ☐ 입니다.

한 방향으로만 잘 굴러가는 것은 ☐ , ☐ 입니다.

, , ⬤ 모양으로 동물을 만들어 보았어.

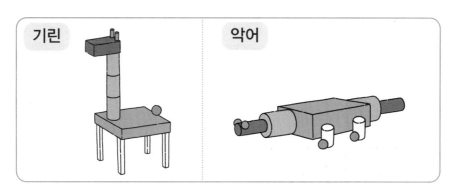

1 위의 동물들은 각각의 모양을 몇 개씩 사용하였을까?

모양	기린	악어
🥫	개	개
🧊	6 개	개
⚪	개	6 개

2 각각 가장 많이 사용한 모양에 ◯표해 보자.

기린

악어
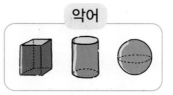

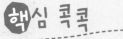 심 콕콕

• 집에 있는 상자나 캔 음료,
공 등 여러 가지 모양을 이용
해서 다른 동물도 만들어 보렴.

□ △ ○ 모양

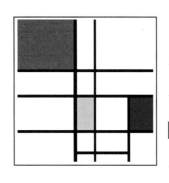

왼쪽은 몬드리안이라는 유명한 화가의 작품이야. 너희는 저 작품 속에서 어떤 모양을 찾았니? 바로 □ 모양이야. □ 모양만으로도 멋진 작품이 탄생했다는 게 신기하지?

이 밖에도 □ 모양은 우리 주변에서 정말 많이 찾아볼 수 있어. 텔레비전, 컴퓨터 모니터, 그리고 지금 너희가 보고 있는 이 책도 □ 모양이지.

아래의 그림은 우리 주위의 여러 가지 사물들이야. 사물들은 각각 어떤 모양이니?

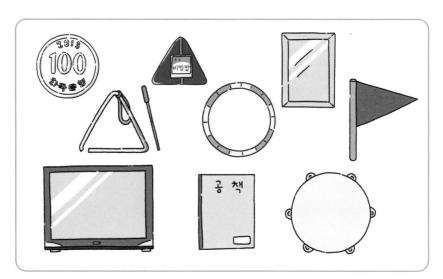

텔레비전, 공책, 거울 등은 □ 모양이야. 깃발, 트라이앵글, 삼각 김밥은 △ 모양이고, 동전, 훌라후프, 탬버린은 ○ 모양이야.

색종이를 □ , △ , ○ 모양으로 오려서 멋진 작품을 만들어 보렴.

어때? 이 세 가지 모양만 가지고도 얼마든지 멋진 작품을 만들 수 있겠지?

색종이 말고 이쑤시개나 나무젓가락을 사용해서 □ , △ , ○ 등의 여러 가지 모양을 만들어 볼 수도 있어. 여러 가지 재료를 이용해서 만든 모양으로 너희만의 작품을 완성해 보렴.

● 모양은 손으로 만져 보면 공처럼 튀어나온 부분도 있고 모든 면이 둥글어. 하지만 ○ 모양은 종이처럼 평평한 면에 그린 모양이야.

규칙 찾기

"쿵 짝짝 쿵 짝짝" 하는 리듬 악기의 반주를 듣다 보면 자신도 모르게 어느새 따라 부를 때가 있지? "쿵 짝짝" 하는 리듬이 익숙하기도 하고, 또 같은 리듬이 반복되어서 쉽게 따라 부를 수 있으니까 말이야.

쿵 짝짝 쿵 짝짝 쿵 짝짝 쿵 짝짝

이렇게 같은 것이 되풀이되는 걸 **규칙**이라고 해. 규칙은 생활 속 곳곳에 퍼져 있어. 시간 맞춰 학교에 가는 것, 방학 계획표대로 시간을 보내는 것도 규칙이야. 그리고 이런 규칙도 있어.

벽돌 무늬도
규칙적이네!

티셔츠의 무늬를 잘 보렴. ❀♥가 되풀이되고 있지? 이것도 규칙이야. 규칙을 알면 다음을 예상할 수 있어. ❀♥❀♥❀♥ 다음에는 ❀ 모양이 올 거라는 걸 알 수 있지.

이번에는 모양 카드로 규칙 찾기 놀이를 해 보자.

여기에 □, △, ○ 세 종류의 모양 카드들과 규칙을 적어 놓은 규칙 카드들이 있어.

규칙 놀이 방법

1. 규칙 카드 중 하나를 뽑는다.
2. 규칙 카드의 규칙을 보고, 필요한 모양 카드의 종류만 모아 골고루 섞는다.
3. 섞은 모양 카드를 한 사람이 5장씩 나누어 가지고, 남은 것은 한데 모아서 엎어 둔다.
4. 순서대로 돌아가며 규칙 카드의 규칙에 따라 모양 카드를 내려놓는다. 카드를 잘못 내려놓거나 내려놓을 카드가 없으면 엎어 둔 카드 더미에서 한 장을 가져간다.
5. 들고 있던 카드를 가장 먼저 모두 내려놓는 사람이 이긴다.

규칙 카드에 따라 아래처럼 카드를 놓았다고 해 보자. 다음에는 어떤 모양 카드를 놓아야 할까?

○ → □ → □의 순서로 반복되니까 ○, □, □ 다음에는 ○가 오는 게 맞겠지!

되풀이되는 모양을 묶어 보면 규칙을 금방 알 수 있어.

바닷속 풍경 그림 어떻니? □, △, ○ 모양만 가지고
도 이렇게 재미있는 그림을 그릴 수 있어.

❶ 위에서 □, △, ○ 모양을 몇 개씩 그렸는지 써 보자.

	문어	물고기 2마리	오징어
□ 모양			
△ 모양			
○ 모양			

❷ □ 모양은 파란색, △ 모양은 빨간색, ○ 모양은 노란색으로
예쁘게 색칠해 보자.

친구들 집에 있는 타일의 무늬들이야. 각각의 무늬를
보고, 규칙에 맞게 나머지를 색칠해 보렴.

1

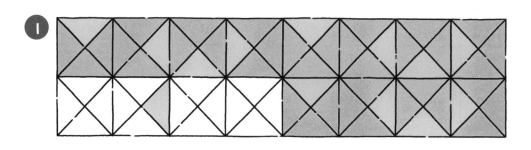

2

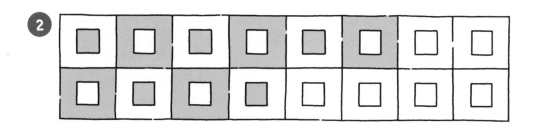

3

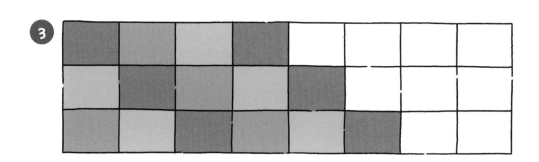

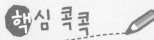

숫자가 도형이 되는 형상수

고대 그리스 시대에 처음으로 수학을 연구하고 사람들을 모아 수학을 가르친 사람이 있었어. 바로 그 유명한 피타고라스야. 후세 사람들은 피타고라스와 그의 제자들을 '피타고라스 학파'라고 불렀는데 이들은 '형상수'라는 것을 만들었어. 형상수란 점으로 △ 모양, □ 모양 등을 만들어 나타낸 수야.

피타고라스는 이러한 모양들을 만드는 점의 개수를 세고, 그 속에서 규칙을 찾아냈지.

형상수 중에 △ 모양으로 나타낸 수를 삼각수라고 해.

▲ **피타고라스 조각상**

로마의 박물관에 있는 피타고라스 상이다. 고대 그리스의 철학자이자, 수학자이며 종교가로, 수를 만물의 근원으로 생각했다.

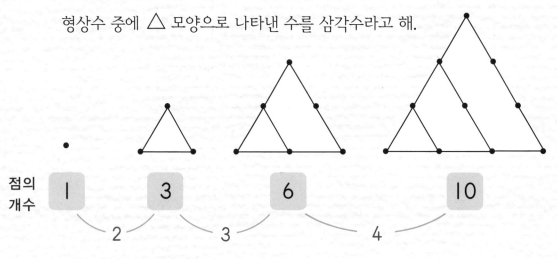

점의 개수

| 1 | 3 | 6 | 10 |

□ 모양으로 나타낸 수는 사각수라고 불렀어.

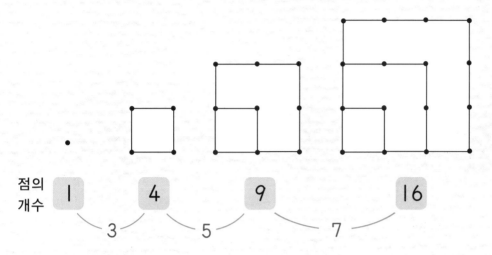

점의
개수 1   4   9   16

      3   5   7

또 ⬠ 모양으로 나타낸 오각수도 있단다.

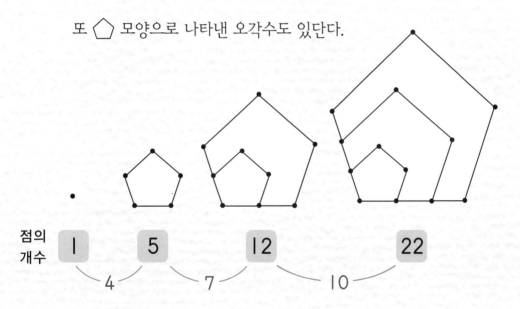

점의
개수 1   5   12   22

      4   7   10

그런데 잘 들여다보면 △ 모양을 표현한 점의 개수가 1, 3, 6, 10,
… 이 되고, □ 모양을 표현한 점의 개수는 1, 4, 9, 16, … 이 되는 걸
알 수 있어. 또 ⬠ 모양을 표현한 점의 개수는 1, 5, 12, 22, … 가 되
지. 삼각수, 사각수, 오각수가 얼마만큼씩 늘어나는지 보고 그 속에
어떤 규칙이 있는지 곰곰이 생각해 보렴.

| 날짜 20☆♡년 ♣월 △일 | 날씨 함박눈이 펑펑 |

제목 크리스마스 선물

　오늘은 크리스마스이다. 동생과 나는 아침에 눈을 뜨자마자 거실로 달려갔다. 트리 아래에는 여러 가지 모양의 선물상자가 있었는데, 부모님께서 각자 마음에 드는 것을 골라 보라고 하셨다. 내가 받고 싶은 선물은 축구공이었는데 　 모양 상자를 골라 포장지를 벗기니까 정말로 축구공이 나왔다. 동생은 책벌레인데 　 모양 상자에서 책이 여러 권 나오자 좋아서 팔짝팔짝 뛰었다. 정말 기분 좋은 하루였다.

상호와 상호 동생이 잘 예상한 덕에 원하는 선물을 바로 고를 수 있었구나. 트리 주변에 또 어떤 모양이 있는지, 그림의 벽지 무늬 등에는 어떤 규칙이 있는지도 찾아보렴.

18쪽 ❶

④	🍊🍊🍊🍊🍊⚪
③	🍍🍍🍍🍍🍍
②	🍓🍓🍎🍎🍎
①	🍓⚪⚪⚪⚪

❷ 사과. 딸기의 수는 1이다. 1보다 하나 더 많은 수는 2이므로 2를 나타내는 사과가 맞다.

19쪽 ❶ ① 3, 2   ② 1, 0

❷ 1개. 상호가 먹은 샌드위치는 2개인데 동생은 샌드위치를 하나 적게 먹었으므로 2보다 하나 적은 수 1이다.

21쪽 ❶ 핫도그 6개, 떡꼬치 7개, 만두 8개, 우유 9개

26쪽 ❶

❷ 구슬의 수는 8개이므로 개수가 8인 것은 색종이다. 색종이의 수 8보다 1 작은 수는 7이고, 개수가 7개인 학용품은 가위이다.

27쪽 ❶

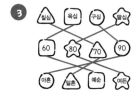

❷ 무지개 열차의 앞에서 여섯째 칸은 파란색이고, 빨간색은 뒤에서 여덟째 칸이다.

36쪽 12, 13, 17, 25, 27

38쪽 ❶

닭	12	십이	열둘
병아리	16	십육	열여섯
달걀	23	이십삼	스물셋

❷

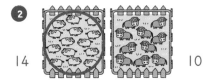

14   10

39쪽 ❶ 17, 16, 15, 14, 13, 8

❷ 16, 14, 8

❸

48쪽 ❶ 5, 50, 오십 또는 쉰

❷

☆☆☆☆☆☆☆☆
☺☺☺☺☺☺☺☺
▷▷▷▷▷▷▷▷
🍪🍪🍪🍪🍪🍪🍪🍪

40
사십   마흔

❸

49쪽 ❶ 8, 3, 83

❷

| 🐦 | 39 | 오십칠 | 서른아홉 |
| 🐿 | 57 | 삼십구 | 쉰일곱 |

50쪽 ❶~❸

1	2	3	4	5	6	7	8	9	10
11	12	13	14	15	16	17	18	19	20
21	22	23	24	25	26	27	28	29	30
31	32	33	34	35	36	37	38	39	40
41	42	43	44	45	46	47	48	49	50
51	52	53	54	55	56	57	58	59	60
61	62	63	64	65	66	67	68	69	70
71	72	73	74	75	76	77	78	79	80
81	82	83	84	85	86	87	88	89	90
91	92	93	94	95	96	97	98	99	100

51쪽
① 상호 27자루, 현아 30자루

② 현아. 30은 27보다 십의 자리 숫자가 크기 때문이다, 30은 27보다 3이 더 큰 수이다. 등

59쪽
3은 (1, 2) 또는 (2, 1)로 가르기
5는 (1, 4), (2, 3), (3, 2), (4, 1) 중 하나로 가르기

66쪽
① 각각 (1, 9), (2, 8), (3, 7), (4, 6), (5, 5), (6, 4), (7, 3), (8, 2), (9, 1) 중 하나로 가르기

67쪽
① 각각 (1, 7), (2, 6), (3, 5), (4, 4), (5, 3), (6, 2), (7, 1) 중 하나로 가르기

② 3, 5, 4

78쪽
①

쓰기 | 4 + 3 = 7

읽기 | 4 더하기 3은 7과 같습니다.

②

3 + 2 = 5

79쪽
①

형:

동생:

4-2 = 2, 2개

② 8개

87쪽 4

90쪽
① 7+3+2=10+2=12, 12송이

② 4+5-2=9-2=7, 7개

91쪽
① 13, 14, 10, 14

② 뒤에 있는 9와 1을 먼저 더하는 게 더 쉽다. 9와 1을 더하면 10이 되고 거기에 4만 더하면 되기 때문이다. 등

96쪽
① 27+12=39, 39개

② 27-12=15, 사자, 15개

97쪽
① 21+14=35, 35마리

② 78-35-13=30. 30마리, 사자

99쪽 15, 15

103쪽 6, 6

104쪽
① 9+6=15, 15송이

② 9 + [6] = 9 + [1] + [5]

=10+ [5] = [15]

105쪽
① 16-9

② ① 낱개 16에서 9만큼 덜어 낸다. (16개의 ○를 그리고 9개를 /로 지운 다음 남은 ○의 개수를 센다.)
② 16을 10과 6으로 갈라 10+6-9로 쓴다. 그리고 9와 6의 순서를 바꾸어 10-9+6으로 식을 세운 다음 10-9를 계산한 결과에 6을 더한다.
16-9=10-9+6=1+6=7

③ 16에서 10을 빼고, 원래 빼야 할 9보다 더 뺀 수 1을 더해 준다.
16-9=16-10+1=6+1=7
④ 9를 6과 3으로 갈라 16-6-3으로 쓴다. 그런 다음 16에서 6을 빼고 3을 또 뺀다.
16-9=16-6-3=10-3=7

120쪽

122쪽 ❶ 깁니다.

❷ 작습니다.

❸ 무겁습니다.

❹ 넓습니다.

❺ 많습니다.

123쪽 ❶ 아니오, 예

❷
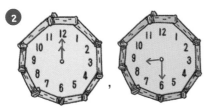

134쪽 ❶

❷ ②, ⑤ / ①, ③

135쪽 ❶

모양	기린	악어
(원기둥)	5 개	8 개
(직육면체)	6 개		개
(구)		개	6 개

❷

140쪽 ❶

	문어	물고기 2마리	오징어
□ 모양	9	4	10
△ 모양	0	6	1
○ 모양	3	2	2

❷
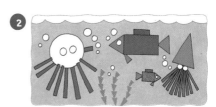

141쪽 ❶
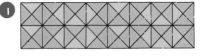

❷
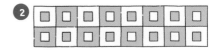

❸
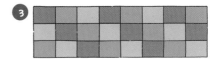

글 서울교대 초등수학연구회(SEMC)

서울교대 초등수학연구회는 신항균 총장님과 서울교대 교육대학원 초등수학교육과 졸업생 선생님들이
아이들에게 수학을 쉽고 재미있게 가르치는 방법을 연구하는 모임입니다.
2000년부터 시작된 이 연구 모임은 초등수학과 교육과정 및 교육방법 등을 연구하며,
초등학생을 위한 수학 학습법 및 현직 교사들을 위한 교수법 개발 등의 다양한 활동을 하고 있습니다.

그림 엔싹(이창우, 류준문)

(주)엔싹엔터테인먼트는 멀티미디어 콘텐츠 전문 개발 기업입니다. 미디어, 전시, 온라인 사업을 하고 있으며
신선하고 창의적인 기획을 하기 위해 노력합니다. 국내 이미지 콘텐츠를 제작하는 인력을 양성하고
해외 시장 진출을 돕는 'ILLUSTWAY' 브랜드를 만들어 일러스트레이터 에이전시 사업을 함께 하고 있습니다.

서울교대 초등수학연구회 글 | (주)엔싹(이창우, 류준문) 그림

1판 1쇄 펴낸날 2013년 3월 10일 | 1판 3쇄 펴낸날 2025년 4월 1일
펴낸곳 녹색지팡이&프레스(주) | 펴낸이 강경태
등록번호 제16-3459호 | 주소 서울시 강남구 테헤란로86길 14 윤천빌딩 6층 (06179)
전화 (02) 3450-4151 | 팩스 (02) 3450-4010

▪ 사진 출처: 위키피디아 외
▪ 출처가 확인되지 않은 사진 자료는 확인되는 대로 조치를 하겠습니다. 연락 주시기 바랍니다.

ISBN 978-89-94780-44-3 63410